高等院校计算机任务驱动教改教材

网络综合布线系统工程技术

实训教程

王宇 主编 ／ 张五红 王虎 副主编

清华大学出版社

北 京

内 容 简 介

网络综合布线是一个跨学科、跨专业的交叉学科,随着智能建筑的诞生,网络综合布线系统的应用领域越来越广泛。本书依据《综合布线系统工程设计规范》(GB 50311—2016)和《综合布线系统工程验收规范》(GB/T 50312—2016)等国家标准组织编写。全书内容以"理论引导、实训驱动、技能提高、资源配套"的模式编写,共分为12章,包括理论基础知识和实训教学实例等内容。书中列举了大量的工程实例和典型工作实训任务,同时配套与实训项目对应的实训操作视频及教学视频资源,力求展现最新的综合布线系统知识与操作技术技能。

本书既可作为高等院校计算机网络技术等专业教学及实训的参考教材,也可作为综合布线技术相关师资培训班及各级别综合布线职业技能和岗位技能大赛的指导用书。

图书在版编目(CIP)数据

网络综合布线系统工程技术实训教程/王宇主编. —北京:清华大学出版社,2023.5
高等院校计算机任务驱动教改教材
ISBN 978-7-302-63457-7

Ⅰ. ①网…　Ⅱ. ①王…　Ⅲ. ①计算机网络－布线－高等学校－教材　Ⅳ. ①TP393.03

中国国家版本馆 CIP 数据核字(2023)第 084023 号

责任编辑:颜廷芳
封面设计:傅瑞学
责任校对:李　梅
责任印制:沈　露

出版发行:清华大学出版社
　　　　　网　　　址:http://www.tup.com.cn,http://www.wqbook.com
　　　　　地　　　址:北京清华大学学研大厦 A 座　　　邮　　编:100084
　　　　　社 总 机:010-83470000　　　　　　　　　　邮　　购:010-62786544
　　　　　投稿与读者服务:010-62776969,c-service@tup.tsinghua.edu.cn
　　　　　质量反馈:010-62772015,zhiliang@tup.tsinghua.edu.cn
　　　　　课件下载:http://www.tup.com.cn,010-83470410
印 装 者:三河市龙大印装有限公司
经　　销:全国新华书店
开　　本:185mm×260mm　　　　印　　张:14.5　　　　字　　数:350 千字
版　　次:2023 年 7 月第 1 版　　　　　　　　　　　印　　次:2023 年 7 月第 1 次印刷
定　　价:49.00 元

产品编号:097659-01

前　言

　　近年来综合布线系统高速发展,新工艺、新技术、新材料层出不穷。本书结合综合布线系统领域的最新应用技术和教学实训经验,系统阐述了综合布线系统的结构构成、工程设计、施工技术、系统测试与工程验收、教学实训等内容,突出了光纤到户、单元与数据中心的工程设计及安装施工技术等新技术内容。

　　本书依据《综合布线系统工程设计规范》(GB 50311—2016)和《综合布线系统工程验收规范》(GB/T 50312—2016)等国家标准组织编写,全书内容包括综合布线系统概述,综合布线系统相关网络基础知识,综合布线常用设备、工具和材料,综合布线系统的设计、施工与管理,光纤到用户单元通信布线系统,综合布线系统验收与测试技术,综合布线工程与技术教学实例,综合布线系统端接技能实训,综合布线子系统实训系统,综合布线光纤系统实训,综合布线系统工程实训信息管理与仿真实训。本书基于工程实践,采用理论与实训深入结合的方法,系统地展示了综合布线系统实施的全过程,为综合布线系统技术人员及各类院校相关专业师生提供参考。

　　本书针对综合布线从业人员职业岗位和核心能力的要求,以及各类高等院校相关专业师生教学、实训的需求,兼顾各级信息网络布线技能大赛的赛项标准和要求展开阐述。本书以"理论引导、实训驱动、技能提高、资源配套"的模式组织编排,全面阐述了综合布线系统和网络基础知识,并按照高等院校实训教学体系和各级技能大赛赛项内容,针对综合布线系统重点部分进行有针对性地实训教学。本书还提供了基于综合布线系统最新知识结构和综合布线实训课程标准的相关术语与参考习题。

　　本书内容按照综合布线系统工程的一般项目流程和典型工作任务进行编写。本书结合编者多年从事综合布线系统教学和实践的丰富经验,突出项目设计和岗位技能训练。书中列举了大量工程实例和典型工作实训任务,提供了大量设计图样和工程经验,体系分明、层次清晰、图文并茂、操作性和实用性强。本书中综合布线系统的每个部分都提供了大量实训项目,包括网络配线端接、网络跳线制作和测试、光纤熔接与冷接、综合布线各个子系统安装、综合布线系统工程实训信息管理与仿真、全光网系统等内容。同时配套与实训项目对应的实训操作视频以及教学视频资源,读者扫描书中二维码即可观看。全书体现了系统理论与工程实践深度结合、实训与考核紧密结合的特点,方便教学实训指导。

　　本书所涉及的教学实训设备均采用清华易训(E-Training)产品作为基础操作平台,该产品良好地契合了本书相关章节的内容。在本书编写过程中,得到了清华大学、江西交通职业技术学院、解放军陆军工程大学、天津理工大学等几十所院校和单位的大力支持,在此一并致谢。

　　本书既可作为高等院校计算机网络技术等专业教学及实训的参考教材,也可作为综合布线技术相关师资培训及各级别综合布线职业技能和岗位技能大赛的培训教材。另外,本书还可作为综合布线行业、智能建筑、智能家居行业、工程设计、施工和管理等专业技术人员的参考用书。

　　由于编者水平有限,书中难免有不足之处,恳请广大读者批评、指正。

编　者

2023 年 3 月

目　录

第 1 章

综合布线系统概述

1.1 综合布线系统的定义

1.1.1 综合布线系统的产生

近几十年,随着城市建设和信息通信事业的发展,现代化的商住楼、办公楼、综合楼、园区等各类民用建筑及工业建筑对信息通信网络的要求不断提高。过去,建筑内的语音及数据业务线路常使用各种不同的传输线、配线插座以及连接器件构成各自的配线网络。例如,用户电话交换机通常使用对绞电话线,计算机局域网(local area network,LAN)则使用对绞线或同轴电缆,而不同缆线的插头、插座等均无法互相兼容,经常会造成各系统重复布线。

综合布线系统(generic cabling system,GCS)采用标准的缆线与连接器件,能将所有语音、数据、图像及多媒体业务系统设备的布线组合在一套标准的布线系统中。综合布线系统开放的结构可以作为各种不同工业产品标准的基准,使得配线系统具有更大的适用性、灵活性、通用性,而且可以以更低的成本随时对设于工作区域的配线设施重新规划。建筑智能化建设中的建筑设备监控系统、安全技术防范系统等设备在具备 TCP/IP 协议接口时,也可使用综合布线系统的缆线与连接器件作为信息的传输介质,以提升布线系统的综合应用能力。同时,智能布线系统技术的应用也为建筑智能化系统的集中监测、控制与管理打下良好基础。

1.1.2 综合布线系统的概念与特点

综合布线系统是指一幢或者多幢建筑物内传输信息的基础设施,包括所有弱电系统的布线,是该建筑物或建筑群内的传输网络,用于传输语音、数据、影像和其他信息的标准结构化布线系统,是智能建筑最基本、最重要的组成部分。综合布线系统是集成网络系统的基础,支持数据、语音及图像等的传输,为计算机网络和通信系统提供基础支撑环境。综合布线系统从诞生就与建筑物密切相关,故也把综合布线系统称为建筑物布线系统(premises distributed system,PDS)。

综合布线系统使语音和数据通信设备、交换设备和其他信息管理系统彼此相连接,进行统一设计、统一施工、统一管理,物理结构一般采用模块化设计和星形拓扑结构。

综合布线系统具有结构清晰,便于管理维护;材料统一先进,适应今后的发展需要;灵活性强,适应各种不同需求;便于扩充,既节约费用又提高系统可靠性的特点。

美国国家标准将综合布线系统分为建筑群子系统、干线(垂直)子系统、配线(水平)子系统、管理子系统、设备间子系统和工作区子系统共 6 个子系统。中国国家标准《综合布线系统工程设计规范》(GB 50311—2007)规定,综合布线系统为 7 个部分,包括配线子系统、干线子系统、建筑群子系统、工作区、设备间、管理区,以及提供将外部缆线引入的进线间;并规定综合布线系统的基本构成包括建筑群子系统、干线子系统和配线子系统。系统配置设计具体可由工作区、配线子系统、干线子系统、建筑群子系统、入口设施、管理系统组成。二者描述稍有侧重和区别,为了兼顾国内外标准和以前的教材体系内容,本书将用七大子系统进行阐述,即水平子系统、工作区子系统、管理间子系统、垂直子系统、设备间子系统、进线间子系统、建筑群子系统。

上述每个子系统根据所属位置进行划分,每个子系统相对独立。综合布线系统由不同系列和规格的部件组成,包括:传输介质、相关连接硬件(如配线架、连接器、插座、插头、适配器)以及电气保护设备等。

由于综合布线系统结构清晰,具备很高的适应性和兼容性,能适应各类设施现阶段的需求和未来的发展趋势,能更好地解决设备繁杂,线缆繁多、不易管理的问题,因此它是智能化建筑可以确保高效率、优质服务的基本设施之一。综合布线系统作为结构化的配线系统,如图 1-1 所示,综合了通信网络、信息网络及控制网络的配线,为其相互间的信号交互提供通道,在智慧城市信息化的建设中,综合布线系统有着极其广阔的应用前景。

图 1-1　结构化布线图例

1.2　综合布线系统的发展

1.2.1　国外综合布线系统的发展

20 世纪 60 年代,开始出现数字式自动化系统。20 世纪 70 年代,建筑物自动化系统采用专用计算机系统进行管理、控制和显示。20 世纪 80 年代中期开始,随着超大规模集成电路技术和信息技术的发展,出现了智能化建筑物。此后,随着数字化城市和智能化建筑的快速发展和普及,网络综合布线系统已经成为每栋建筑物的重要组成部分。

1.2.2　我国综合布线系统的发展

我国在 20 世纪 80 年代末期开始引入综合布线系统,20 世纪 90 年代中后期综合布线系统得到了迅速发展。目前,我国现代化建筑中广泛采用综合布线系统,"综合布线"已成为我国现代化建筑工程中的热门课题,也是建筑工程、通信工程设计及安装施工相互结合的一项十分重要的内容。综合布线系统已经成为现代建筑中最基本、最重要的组成部分,在国内,几乎每栋大楼中都含有综合布线系统。

随着我国经济不断追求高质量发展,提倡产业创新,我国综合布线系统行业也进入新的发展阶段。随着新技术的发展,大量数据中心正在如火如荼地建设中、智能电子配线架等新产品应用到了综合布线系统中。未来,超高清视频、云游戏、云 VR 都将进一步促使网络流量快速增长,同时也对综合布线系统提出更高要求。在多模光纤应用和大数据行业发展的推动下,我国综合布线行业生产规模近年来以 5% 左右的同比增长速度增加,2020 年综合布线行业产能约为 65 亿元,未来,综合布线系统必将以更快的速度发展,市场前景广阔。

1.2.3　综合布线系统与智能化建筑

随着科学技术的进步,通信网络和信息技术得到飞速发展,广泛应用在智能建筑中。智能建筑是时代发展的必然产物。综合布线系统作为跨学科行业的系统工程,为智能建筑提供了最科学合理的布线系统支撑,成为智能建筑基础设施之一,在实现建筑智能化中发挥着越来越重要的作用。综合布线技术的快速发展促进了智能建筑的普及和应用。

综合布线系统是建筑群或建筑物内的传输网络系统,它能使语音和数据通信设备、交换设备和其他信息管理系统彼此相连接。综合布线系统作为智能化建筑的中枢神经系统,与智能化建筑的规划设计、施工安装和维护使用都紧密关联,是智能化建筑的重要部分和基本设施。综合布线系统也是衡量智能化建筑智能化程度的重要标识,如设备配置是否成套,技术功能是否完善,网络分布是否合理,智能化建筑能否为用户更好地服务,综合布线系统具有决定性的作用。

综合布线系统从诞生就与智能化建筑息息相关,紧密联系在一起。智能化建筑的发展需求催生了综合布线系统的诞生,二者相互依存、相互作用,共同促进彼此的快速、科学发展。

1.2.4　综合布线系统的发展趋势

综合布线系统发展呈现出高度智能化的特点,它使智能建筑的先进性、方便性、安全性、经济性和舒适性等特征越来越明显。综合布线系统建设同时兼顾了布线技术和网络技术的发展,其能够更好地满足现代新技术和智能建筑不断发展的要求。未来的综合布线系统发展会越来越快,并呈现出高度集成化、结构化;高度智能化、宽带化;高度兼容化、扩展化的特点。

1.3　综合布线系统标准体系

综合布线标准是设计、实施、测试、验收和监理综合布线工程的重要依据。目前,综合布线系统广泛执行的综合布线标准有三个,即 GB 或 GB/T 中国布线标准、ANSI/TIA/EIA美国综合布线标准、ISO/IEC 国际综合布线标准。

1.3.1　综合布线国际标准

最早的综合布线标准始于 1991 年 7 月,美国国家标准协会(American National Standards Institute,ANSI)制定了 TIA/EIA568 民用建筑线缆标准,经改进后于 1995 年10 月正式将 TIA/EIA568 修订为 TIA/EIA568A 标准。国际标准化组织/国际电工技术委员会(英文全称 ISO/IEC)从 1988 年开始,在美国国家标准协会制定的有关综合布线标准的基础上进行修改,1995 年 7 月正式公布了《ISO/IEC 11801：1995(E)信息技术—用户建筑物综合布线》,作为国际标准,供各个国家使用。随后,英国、法国、德国等国共同制定了欧洲标准(EN 50173),供欧洲一些国家使用。

目前常用的综合布线国际标准包括以下几种。

(1) 国际布线标准《ISO/IEC 11801 信息技术—用户建筑物综合布线》,各版本如下。

- ISO/IEC 11801：1995 第一版
- ISO/IEC 11801：2002 第二版
- ISO/IEC 11801：2008 第二版增补一
- ISO/IEC 11801：2010 第二版增补二
- ISO/IEC 11801：2017

(2) 欧洲标准《EN 50173 建筑物布线标准》《EN 50174 建筑物布线标准》。

(3) 美国国家标准协会《TIA/EIA 568A 商业建筑物电信布线标准》。

(4) 美国国家标准协会《TIA/EIA 569A 商业建筑物电信布线路径及空间距标准》。

(5) 美国国家标准协会《TIA/EIA TSB—67 非屏蔽双绞线布线系统传输性能现场测试规范》。

(6) 美国国家标准协会《TIA/EIA TSB—72 集中式光缆布线准则》。

(7) 美国国家标准协会《TIA/EIA TSB—75 大开间办公环境的附加水平布线惯例》。

国际标准 ISO/IEC 11801 由 ISO/IEC JTC1 SC25 委员会负责编写和修订。该标准描述了如何设计一种针对多种网络应用(如模拟和 ISDN 技术,多种网络传输协议,如 10 BASE-T、100BASE-T、1000BASE-T、1000BASE-SR 等)的通用的结构化布线,也可用于控制系统、工业自动化、HDBASE-T 等应用。双绞线以及光缆布线的性能等级和传输距离等都在该标准中有明确的阐述。ISO/IEC 11801 是全球认可的针对结构化布线的通用标准,除了针对传统的商用楼宇,如租用型办公楼、自用型办公楼外,还包含了对工业建筑、居民住宅建筑、数据中心的结构化布线的设计及传输介质应用等级的描述。

在传输速率方面,电气与电子工程师协会(Institute of Electrical and Electronics Engineers,IEEE)颁布了超五类布线达到传输千兆位以太网的标准,如 802.3z、IEEE802.3af、IEEE802.3ah、IEEE 802.3an 等。1998 年 IEEE 颁布的 802.3z 标准中,1000 BASE-X 超五类布线的 4 对线每一对线都要作收发应用,对交换型和全双工以太网的应用尚有局限性。而六类布线根据 2000 年 IEEE 颁布的 802.3ab 标准,2 对线发,2 对线收,对交换型和全双工以太网的应用更加充裕,10G BASE-T(万兆以太网)对应的是 2006 年发布的 IEEE 802.3an 标准,可工作在屏蔽或非屏蔽双绞线上,最长传输距离为 100m。

各国制定的标准各有侧重和特色,随着布线技术的快速发展,各个组织都在努力制定更新的标准以满足技术和市场的需求。

1.3.2　综合布线中国国家标准

在中华人民共和国城乡和建设部最新颁布的《智能建筑设计标准》(GB 50314—2015)中,对建筑智能化系统的新建及扩改建工程设计进行了规定。其设计要素包括信息化应用系统、智能化集成系统、信息设施系统、建筑设备管理系统、公共安全系统、机房工程等。布线系统属于信息设施系统的范畴,是智能建筑的基础设施之一。

目前布线标准主要涉及办公楼布线系统、工业建筑布线系统、住宅建筑布线系统、数据中心布线系统四种建筑类型。

综合布线中国标准包括全国信息技术标准化技术委员会编制的国家标准、住房城乡建设部发布的工程建设国家标准:《综合布线系统工程设计规范》(GB 50311—2016)、《综合布线系统工程验收规范》(GB/T 50312—2016)、《数据中心设计规范》(GB 50174—2017)等,住房城乡建设部、工信部发布的行业标准,以及与综合布线工程应用相关的其他标准以及相关图集。综合布线系统工程建设标准的演进历程如图 1-2 所示。

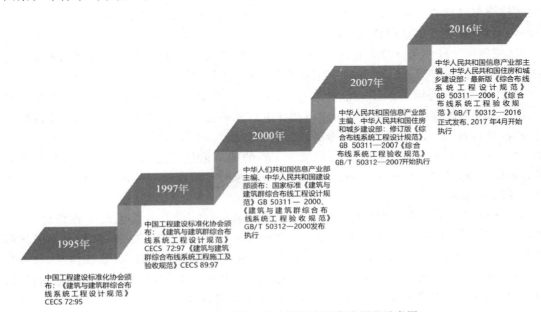

图 1-2　综合布线系统工程建设标准的演进历程示意图

最新版《综合布线系统工程设计规范》(GB 50311—2016)和《综合布线系统工程验收规范》(GB/T 50312—2016)于 2016 年 8 月 26 日正式颁布,2017 年 4 月 1 日起实施。其中,《综合布线系统工程设计规范》(GB 50311—2016)以建筑群与建筑物为主要对象,以近两年主流的铜缆布线、单多模光纤应用技术为主,从配线的角度结合建筑及信息通信业务的需求,为各类业务提供安全、高速、可维护的传输通道,以布线工程设计为主题,侧重于应用。《综合布线系统工程验收规范》(GB/T 50312—2016)是为保证工程质量,提供统一的测试验收标准,并为施工企业制定布线操作规程、为工程监理公司掌控工程质量全过程提出的实际要求与规定。

新版国家标准修订的内容重点包括两方面:一是对建筑群与建筑物综合布线系统及通信基础设施工程的技术要求进行修订完善;二是增加光纤到用户单元通信设施工程设计和验收要求,并新增强制性条文。

在《综合布线系统工程设计规范》(GB 50311—2016)中,系统配置设计部分将布线设施与安装场地分开描述,即布线设施包括工作区、配线子系统、干线子系统、建筑群子系统、入口设施、管理六方面,安装场地面积和安装工艺要求在其他章节描述,这种编排更贴近工程实际情况。规范提出 14 类建筑物的个性化系统配置方案,满足不同类型建筑物的功能及设备安装工艺要求。规范提出管理的等级、内容及要求，突出智能配线系统的应用要求。规范同步国际标准，新增缆线与连接器件性能指标，新增电缆布线系统 EA/FA 等级的性能指标，提出光纤信道指标要求和屏蔽布线系统的指标内容。结合民用建筑电气设计规范等相关标准，规范完善工作区、电信间(管理间)、设备间、进线间的设置工艺要求，使布线系统的安装工艺要求更加完善。规范提出进线间的面积不宜小于 $10m^2$ 的要求，以满足多家电信业务经营者接入的需求。在电气防护及接地部分，提供了综合布缆线与电力线、电气设备及其他建筑物管线的间距要求，提出了接地指标与接地导体的要求。在防火部分，根据国家标准补充了缆线燃烧性能分级以及相应的实验方法和依据标准。

《综合布线系统工程设计规范》(GB 50311—2016)新增了以下三条强制性条文。

"4.1.1 在公用电信网络已实现光纤传输的地区，建筑物内设置用户单元时，通信设施工程必须采用光纤到用户单元的方式建设。"本条强调针对出租型办公建筑且租用者直接连接至公用通信网这种情况，要求采用光纤到用户方式进行建设。

"4.1.2 光纤到用户单元通信设施工程的设计必须满足多家电信业务经营者平等接入、用户单元内的通信业务使用者可自由选择电信业务经营者的要求。"本条强调规范市场竞争，避免垄断，要求实现多家电信业务经营者平等接入，以保障用户选择权利。

"4.1.3 新建光纤到用户单元通信设施工程的地下通信管道、配线管网、电信间、设备间等通信设施，必须与建筑工程同步建设。"本条强调由建筑建设方承担的通信设施应与土建工程同步实施。

综合布线新版国家标准在众多内容上实现了创新，如《综合布线系统工程设计规范》(GB 50311—2016)和《综合布线系统工程验收规范》(GB/T 50312—2016)接轨最新版国际标准 ISO 11801 和地区标准 TIA 568、EN 50173，规范体现的设计理念、系统构成、系统指标、测试方法等符合最新国际标准的相关规定。两个规范结合了我国相关国家标准、行业标准的技术要求，与同时启动的国家标准(如《数据中心设计规范》(GB 50174—2017)、《住宅区和住宅建筑内光纤到户通信设施工程设计规范》(GB 50846—2012)、《住区和住宅建筑内光纤到户通信设施工程施工及验收规范》(GB 50847—2012))就布线、光纤宽带接入等内容进行了协调与统一。整体来说，两个规范涵盖布线系统安装设计、测试验收的全部内容，兼具适用性和实用性。

根据布线技术的发展，新版规范涵盖系统分级、组成、应用、产品类别以及相关技术指标，对光纤系统 OM1-OM4、OS1-OS2 等的技术指标及工程建设要求进行了详细规定，对我国相关布线标准缺失的部分进行了规定和完善。光纤系统 OM1-OM4 中，OM1 指 850/1300nm 满注入带宽在 200/500MHz.km 以上的 $50\mu m$ 或 $62.5\mu m$ 芯径多模光纤；OM2 指 850/1300nm 满注入带宽在 500/500MHz.km 以上的 $50\mu m$ 或 $62.5\mu m$ 芯径多模光纤；OM3 和 OM4 是 850nm 激光优化的 $50\mu m$ 芯径多模光纤，在采用 850nm VCSEL(垂直腔面发射激光器)的 10Gb/s 以太网中，OM3 光纤传输距离可以达到 300m，OM4 光纤传输距离可以达到 550m。

《综合布线系统工程设计规范》(GB 50311—2016)规定了布线系统相关的各类指标，包括基本电气特性指标、连接器件性能指标、系统性能指标等。《综合布线系统工程验收规范》(GB/T 50312—2016)提供了各类系统验收及测试的要求，包括工程电气测试、光纤链路和信道测试的方法及内容。两个规范指标全面，同步技术发展，有助于规范产品研发和工程建设。

两个规范首次结合不同通信业务应用提出各类布线系统对于器件、链路、信道等级、产品类别的选择原则和相应的技术指标,提出 14 类建筑物的个性化系统配置方案,与应用结合,可操作性强。

目前尚无"提供公共服务建筑的光纤到用户"的相关国际及国内标准,新版规范中"光纤到用户单元"的规定对多家电信业务经营者平等接入和通信基础设施同步建设提出严格要求,有助于国家战略落地,并规范市场竞争、保障用户权益,具有创新性,填补了国内外光纤到户领域标准的空白。规范从技术条款上规范建设市场,并规定了适用范围和工程界面,充分体现了综合布线工程实施中应符合国家法规政策精神要求,强调综合布线系统作为公用电信配套设施在设计中应满足多家电信业务经营者的需求。

新版国家标准的应用推广带动了整个综合布线领域新技术、新产品的研发热潮,在产品国产化方面起到了积极的作用,为保证综合布线系统工程质量提供了有效的手段。

1.4 综合布线系统的子系统介绍

《综合布线系统工程设计规范》(GB 50311—2000)规定,在综合布线系统工程设计中,宜按照下列 5 个部分进行,工作区子系统、配线子系统、建筑群子系统、设备间子系统、干线子系统和管理间子系统。

根据近年来中国综合布线工程应用实际,从《综合布线系统工程设计规范》(GB 50311—2007)开始,在规范中新增加了进线间的规定,能够满足不同运营商接入的需要,同时针对日常应用和管理需要,特别重点突出了综合布线系统工程的管理问题。

为阐述方便、清晰,同时兼顾以往相关教材中综合布线系统的 6 个子系统的划分标准,本书将综合布线系统按照 6+1 即 7 个子系统进行介绍,分别为:工作区子系统、水平子系统、垂直子系统、管理间子系统、设备间子系统、建筑群子系统、进线间子系统。7 个子系统包括 3 个线缆系统:配线(水平)子系统(TO—FD)、干线(垂直)子系统(FD—BD)、建筑群子系统(BD—CD);4 个区间:工作区(TO—TE)、设备间、管理区、进线间。综合布线系统工程子系统示意图如图 1-3 所示。

图 1-3 综合布线系统工程子系统示意图

1.4.1　工作区子系统

综合布线系统中,一个独立的需要设置终端设备(terminal equipment,TE)的区域宜划分为一个工作区。工作区应由配线子系统的信息插座模块(telecom-munication outlet,TO)延伸到终端设备处的连接缆线及适配器组成。

工作区子系统即指建筑物内水平范围的个人工作、办公区域,又称为服务区子系统,是放置应用系统终端设备的地方。它将用户的通信设备连接到综合布线系统的信息插座上。该系统包含的硬件有:信息插座、插座盒(或面板)、连接软线以及适配器或连接器等连接附件。最常用的信息插座有双绞线的 RJ 45 插座和连接电话线的 RJ 11 插座,以及光纤插座,工作区子系统如图 1-4 所示。

工作区子系统由终端设备连接到信息插座的连线(或软线)组成。它包括装配软线、连接件和连接所需的扩展软线,并在终端设备和输入/输出(I/O)之间搭接,相当于电话配线系统中连接话机的用户线及话机终端部分。在智能大厦综合布线系统中,工作区常用术语服务区(coverage area)替代,通常服务区大于工作区。终端设备既可以是电话、微机和数据终端,也可以是仪器仪表、传感器和探测器等。一部电话机或一台计算机终端设备的服务面积可按 5～10 平方米设置,也可按用户要求设置。

1.4.2　水平区子系统

水平子系统也称水平干线子系统或者配线子系统,是从工作区的信息插座到水平配线间(楼层弱电间)的配线架,一般在一个楼层上。水平子系统应由工作区的信息插座模块、信息插座模块至电信间配线设备(floor distributor,FD)的配线电缆和光缆、电信间的配线设备及设备缆线和跳线等组成,水平子系统如图 1-5 所示。

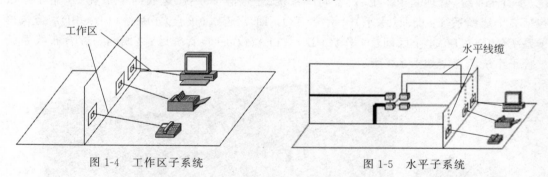

图 1-4　工作区子系统　　　　　　　　图 1-5　水平子系统

水平子系统指从楼层配线间至工作区用户信息插座(FD-TO),由用户信息插座、水平电缆、配线设备等组成。水平子系统是计算机网络信息传输的重要组成部分,一般采用星型拓扑结构,由 4 对 UTP 线缆构成,如果有磁场干扰或是信息保密时,可用屏蔽双绞线;有高带宽应用需求时,可用光缆。每个信息点均需连接到楼层配线间,最大水平距离 90m(295ft)指从水平配线子系统中的配线架的 JACK 端口至工作区的信息插座的电缆长度。工作区连接设备的软跳线(patch cord)、交叉跳线(cross-connection)的总长度不能超过 10m,因为双绞线的有效传输距离是 100m。水平布线系统施工是综合布线系统中工作量最大的工作,在建筑物施工完成后,不易变更,通常都采取“水平布线一步到位”的原则。因此施工严格,以保证链路性能。

　　水平子系统布线应采用星形拓扑结构,每个工作区的信息插座都要和管理区相连,每个工作区一般需要提供语音和数据两种信息插座。

1.4.3　垂直干线子系统

　　垂直干线子系统通常是由主设备间(如计算机房、程控交换机房)提供建筑物中最重要的铜线或光纤线主干线路,是整个大楼的信息交通枢纽。一般它提供位于不同楼层的设备间和布线框间的多条连接路径,也可连接单层楼的大片地区。垂直干线子系统应由设备间至电信间的干线电缆和光缆,安装在设备间的建筑物配线设备(building distributor,BD)及设备缆线和跳线组成,垂直干线子系统如图1-6所示。

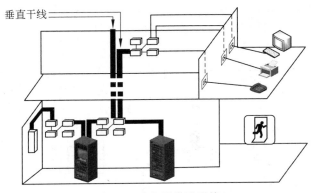

图 1-6　垂直干线子系统

　　垂直干线子系统的任务是通过建筑物内部的传输电缆,把各个服务间(管理间、电信间)的信号传送到设备间,直到传送到最终入口,再通往外部网络。垂直干线子系统必须满足当前需要,又要适应日后发展扩充,干线子系统包括以下通道和电缆。

　　(1)供各条干线接线间之间的电缆走线用的竖向或横向通道。

　　(2)主设备间与计算机中心间的电缆。

　　垂直干线子系统常用以下四种线缆。

　　(1)5e以上4对双绞线电缆(UTP或STP),一般用于传输数据和图像。

　　(2)3类100Ω大对数对绞电缆(UTP或STP),一般用于电话语音传输。

　　(3)62.5/125μm多模光纤。

　　(4)8.3/125μm单模光纤。

　　垂直干线子系统布线的建筑方式:预埋管路、电缆竖井和上升房(又称交接间或干线间)。

　　垂直干线子系统由设备间子系统、管理子系统和水平子系统的引入口设备之间的相互连接电缆组成,是建筑物内的主馈电缆,用于楼层之间垂直(或水平)干线电缆的统称。垂直干线子系统布线走向应选择干线电缆最短,确保人员安全和最经济的路由。建筑物有两大类型的通道,封闭型和开放型,宜选择带门的封闭型通道敷设干线电缆。封闭型通道是指一连串上下对齐的交接间,每层楼都有一间,电缆竖井、电缆孔、管道、托架等穿过这些房间的地板层。

　　水平干线子系统与垂直干线子系统的区别在于:垂直干线子系统通常位于建筑物内垂

直的弱电间,而水平干线子系统通常处在同一楼层上,线缆一端接在配线间的配线架上,另一端接在信息插座上;垂直干线子系统通常采用大对数双绞电缆或光缆,而水平干线子系统多为 4 对非屏蔽双绞电缆,能支持大多数终端设备,在有磁场干扰或信息保密时用屏蔽双绞线,在高宽带应用时采用光缆。

1.4.4 管理间子系统

管理间子系统(administration subsystem)由交连、互联和 I/O 组成。管理间为连接其他子系统提供手段,它是连接垂直干线子系统和水平干线子系统的设备,其主要设备是配线架、交换机、机柜和电源。

管理间子系统包括楼层配线间、二级交接间、建筑物设备间的线缆、配线架及相关接插跳线等。通过综合布线系统的管理间子系统,可以直接管理整个应用系统终端设备,从而实现综合布线的灵活性、开放性和扩展性,管理间系统如图 1-7 所示。

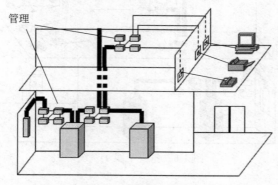

图 1-7 管理间子系统

管理间主要为楼层安装配线设备(一般为机柜、机架、机箱等安装方式)和楼层计算机网络设备(HUB 或 switch)提供场地,并可考虑在该场地设置缆线竖井等电位接地体、电源插座、UPS 配电箱等设施。在场地面积满足的情况下,也可设置建筑物安防、消防、建筑设备监控系统、无线信号等系统的布缆线槽和功能模块的安装。如果综合布线系统与弱电系统设备合设于同一场地,从建筑的角度出发,一般也称为弱电间。

电信间(telecommunications rooms)是干线子系统和配线子系统交接的地方,既可以是一个房间,也可以是一个配线设备。当电信间仅是一个配线设备的时候,就不需要为其留出一个专门的房间,所以电信间在国家标准中不是一个子系统,更多的是用管理间子系统来代替,本书也沿用此说法。

1.4.5 设备间子系统

设备间子系统是在建筑物内的适当地点放置综合布线缆线和相关连接部件及其应用系统设备的场所,即设置电信设备(路由器、防火墙等)、计算机网络设备(核心交换机等)以及建筑物配线设备,进行网络管理的场所。比较理想的设置是把程控交换机房、计算机房等设备间设计在同一楼层中,这样既便于管理,又节省投资。设备间子系统由设备间的电缆、连接跳线架及相关支撑硬件、防雷保护装置等构成,负责建筑物内外信息的交流与管理。设备间内的总配线设备应采用色标区别各类用途的配线区,设备间子系统如图 1-8 所示。

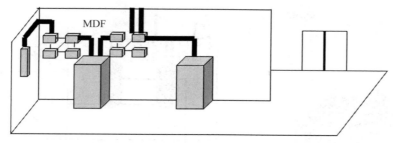

图 1-8 设备间子系统

1.4.6 进线间子系统

进线间为建筑物外部信息通信网络管线的入口部位,并可作为入口设施的安装场地。进线间是《综合布线系统工程设计规范》GB 50311—2007 国家标准中,在综合布线系统设计中首次专门提出加入的部分,并在《综合布线系统工程设计规范》GB 50311—2016 国家标准中延续详细阐述,包括提出进线间的面积不宜小于 10 平方米,以满足多家电信业务经营者接入的需求等,进线间子系统如图 1-9 所示。

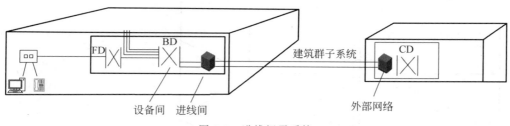

图 1-9 进线间子系统

1.4.7 建筑群子系统

建筑群子系统应由连接多个建筑物之间的主干电缆和光缆,建筑群配线设备(campus distributor,CD)及设备缆线和跳线组成。建筑群子系统,又称楼宇子系统,主要实现建筑物与建筑物之间的通信连接,一般采用光缆和光纤配线架等设备。建筑群子系统由两个以上的建筑物电话、数据、视频监控系统组成一个建筑群综合布线系统,其连接多个建筑物之间的传输介质和各种支持设备,包括缆线、端接设备和电气保护装置。CD 是建筑群综合布线中不可或缺的一部分,建筑群子系统如图 1-10 所示。

建筑群子系统宜由配线设备、建筑物之间的干线缆线、设备缆线、跳线等组成,并应符合下列规定。

(1) 建筑物间的数据干线宜采用多模、单模光缆,语音干线可采用大对数对绞电缆。

(2) 建筑群和建筑物间的干线电缆、光缆布线的交接不应多于两次,从楼层配线架(FD)到建筑群配线架(CD)之间只应通过一个建筑物配线架(BD)。

不同用户单位的建筑群综合布线系统设置不同,建筑物 1 的综合布线系统采用光纤信道构成方式,如图 1-11 所示。

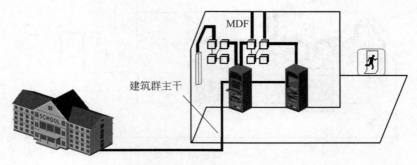

图 1-10　建筑群子系统

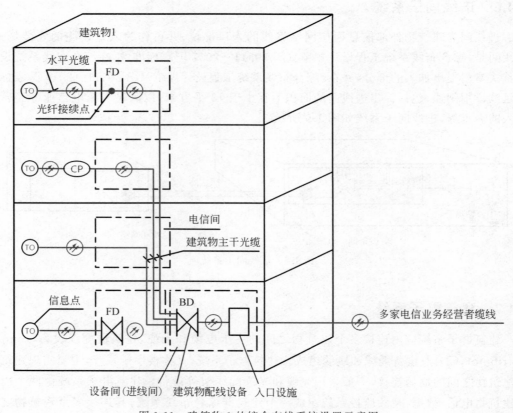

图 1-11　建筑物 1 的综合布线系统设置示意图

　　建筑物 2 的综合布线系统数据和语音的建筑物主干缆线采用光缆,水平缆线采用 4 对对绞电缆,如图 1-12 所示。

　　建筑物 3 的综合布线系统数据的建筑物主干缆线采用光缆,水平缆线采用 4 对对绞电缆;语音的建筑物主干缆线采用大对数电缆,水平缆线采用 4 对对绞电缆,如图 1-13所示。

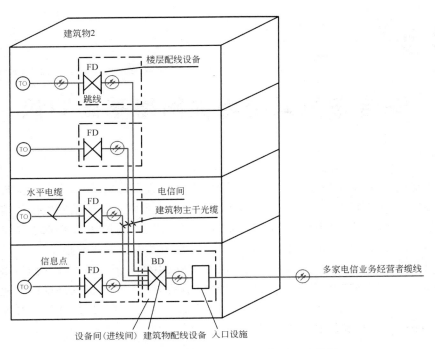

图 1-12   建筑物 2 的综合布线系统设置示意图

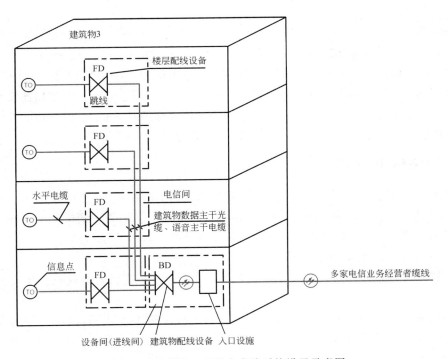

图 1-13   建筑物 3 的综合布线系统设置示意图

第 2 章

综合布线系统相关网络基础知识

网络综合布线系统是一项跨学科、跨专业的系统工程,涉及的知识面广泛,尤其和计算机网络基础技术紧密相关。从事综合布线系统的相关人员需了解通信网络中的信道传输速率、通信方式、传输方式、基带传输、宽带传输等相关术语,才能更加深刻地理解综合布线系统的传输结构,所以了解和掌握必要的计算机网络系统基础知识非常必要。

在本书后续的章节中,全光网项目实训的交换机、摄像头调试、智能配线架,以及技能大赛管理信息系统等都需要具备相关的计算机网络基础知识。计算机网络通信专业知识内容繁多,涉及面宽广,这里仅介绍与综合布线系统相关的基础知识,更深的专业内容读者可自行学习和查阅,本书不多叙述。

2.1 计算机网络体系结构

计算机网络是一个复杂的具有综合性技术的系统,为了允许不同系统实体互连和互操作,不同系统的实体在通信时必须遵从相互都能接受的规则,这些规则的集合称为协议(protocol)。其中,系统指计算机、终端和各种设备;实体指各种应用程序、文件传输软件、数据库管理系统、电子邮件系统等;互连指不同计算机能够通过通信子网互相连接起来进行数据通信;互操作指不同的用户能够在通过通信子网连接的计算机上,使用相同的命令或操作,使用其他计算机中的资源与信息,就如同使用本地资源与信息一样。

2.1.1 网络体系结构

计算机网络结构可以从网络体系结构、网络组织、网络配置三个方面来描述。网络体系结构是从功能上来描述计算机网络结构。网络组织是从网络的物理结构和网络的实现两方面来描述计算机网络,网络配置是从网络应用方面来描述计算机网络结构。

网络体系结构的数据通信原理如图 2-1 所示。

(1) 物理层以最原始的比特流格式传输数据,或者说物理层的协议数据单元(protocol data unit,PDU)是比特。

(2) 数据链路层的传输单位是帧(frame),一个帧包括多个比特,但一个帧的大小必须是一个整数字节。不同协议的帧大小也不一样。一个帧其实就是一个 DPDU(数据链路协议数据单元)。

(3) 网络层的传输单位是分组或者包(paket),一个分组可以包括多个帧,分组大小要根据不同协议而定,一个分组是一个网络协议数据单元(network protocol data unit,NPDU)。

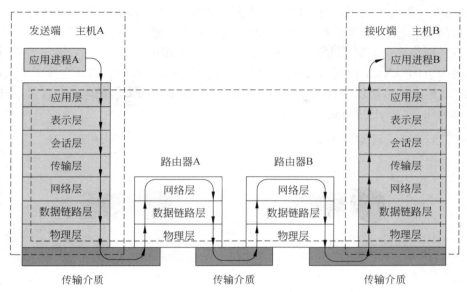

图 2-1　网络体系结构的数据通信原理示意图

（4）传输层比较特殊，在开放系统互连参考模型（open system interconnect reference model，OSI/RM）中直接以传输协议数据单元（transport protocol data unit，TPDU）为单位，而在 TPC/IP 协议体系结构中，TCP 以数据段（segment）为单位进行传输，UDP 以数据报（datagram）为单位进行传输。

（5）在会话层、表示层和应用层中，以具体的数据报文为单位进行传输。

TCP/IP 网络中的数据通信流程示意图如图 2-2 所示。

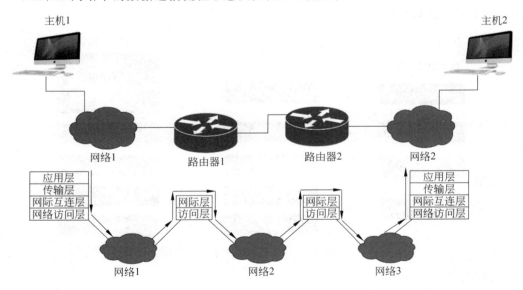

图 2-2　TCP/IP 网络中的数据通信流程示意图

计算机网络通信的核心是网络协议，网络协议是为计算机网络中进行数据交换而建立的规则、标准。因为不同用户的数据终端可能采取的字符集不同,两者若想进行通信,必须要在一定的标准上进行,使得不同设备遵循相同的标准而能够进行无障碍通信。

计算机网络协议类似人类语言一样,多种多样。ARPA 公司于 1977 年到 1979 年推出了一种名为 ARPANET 的网络协议受到广泛热捧,其中最主要的原因是它推出了人们熟知的 TCP/IP 标准网络协议。目前 TCP/IP 协议已经成为 Internet 中的通用语言,不同计算机群之间利用 TCP/IP 进行通信,如图 2-3 所示。

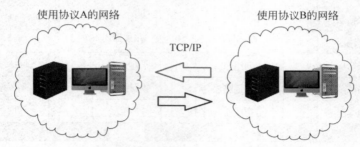

图 2-3　计算机 TCP/IP 通信示意图

为了使不同计算机厂家生产的计算机能够相互通信,以便在更大的范围内建立计算机网络,国际标准化组织(ISO)在 1978 年提出了开放系统互联参考模型,即著名的 OSI/RM 模型。它将计算机网络体系结构的通信协议划分为七层,自下而上依次为:物理层(physics layer)、数据链路层(data link layer)、网络层(network layer)、传输层(transport layer)、会话层(session layer)、表示层(presentation layer)、应用层(application layer)。其中第四层完成数据传送服务,上面三层面向用户。

除了标准的 OSI 七层模型外,常见的网络层次划分还有 TCP/IP 四层协议以及 TCP/IP 五层协议,它们之间的对应关系如图 2-4 所示。

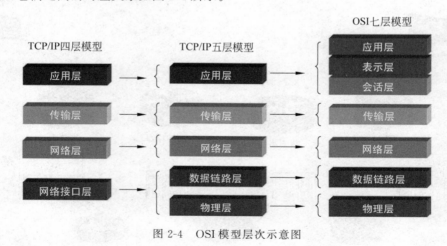

图 2-4　OSI 模型层次示意图

2.1.2　OSI 七层网络模型

TCP/IP 协议是互联网的基础协议,任何和互联网有关的操作都离不开 TCP/IP 协议。

无论是 OSI 七层模型还是 TCP/IP 的四层、五层模型，每一层中都有自己的专属协议，完成相应的工作以及与上下层级之间进行沟通。由于 OSI 七层模型为网络的标准层次划分，OSI 七层模型对应协议如表 2-1 所示。

表 2-1   OSI 网络模型对应协议

ISO/OSI	TCP/IP	基本数据单位及协议						
表示层	应用层	传递对象：报文						
会话层		SMTP	FTP	TELNET	DNS	TFTP	RPC	其他
传输层	传输层	传输协议分组：TCP、UDP						
网络层	网际网层(IP 层)	IP 数据报：IP(ICMP 等)、ARP、RARP						
数据链路层	网络接口	帧：网络接口协议(链路控制和媒体访问)						
物理层	硬件(物理网络)	以太网	令牌环	X.25 网		FDDI	其他网络	

1. 物理层

物理层(physical layer)激活、维持、关闭通信端点之间的机械特性、电气特性、功能特性以及过程特性。该层为上层协议提供了一个传输数据的可靠的物理媒体，物理层确保原始的数据可在各种物理媒体上传输。物理层对应设备一般为中继器(repeater，也称放大器)和集线器。

2. 数据链路层

数据链路层(data link layer)在物理层提供的服务的基础上向网络层提供服务，其最基本的服务是将源自网络层的数据可靠地传输到相邻节点的目标机器网络层。为达到这一目的，数据链路必须具备一系列相应的功能，主要有：如何将数据组合成数据块，在数据链路层中称这种数据块为帧(frame)，帧是数据链路层的传送单位；如何控制帧在物理信道上的传输，包括如何处理传输差错，如何调节发送速率以使与接收方相匹配；以及在两个网络实体之间提供数据链路通路的建立、维持和释放的管理。数据链路层在不可靠的物理介质上提供可靠的传输，主要协议为以太网协议。该层的作用包括：物理地址寻址、数据的成帧、流量控制、数据的检错、重发等，数据链路层对应设备为网桥和交换机。

3. 网络层

网络层(network layer)的目的是实现两个端系统之间的数据透明传送，具体功能包括寻址和路由选择、连接的建立、保持和终止等。它提供的服务使传输层不需要了解网络中的数据传输和交换技术，内容包括路径选择、路由及逻辑寻址。

网络层中涉及多种协议，其中包括最重要的协议，也是 TCP/IP 的核心协议-IP 协议。IP 协议非常简单，仅提供不可靠、无连接的传送服务。IP 协议的主要功能有：无连接数据报传输、数据报路由选择和差错控制。与 IP 协议配套使用实现其功能的还有地址解析协议 ARP、逆地址解析协议 RARP、因特网控制报文协议 ICMP、因特网组管理协议 IGMP。网络层负责对子网间的数据包进行路由选择。此外，网络层还可以实现拥塞控制、网际互连等功能，其基本数据单位为 IP 数据报，对应设备为路由器。

4. 传输层

传输层(transport layer)为第一个端到端，即主机到主机的层次。传输层负责将上层数据分段并提供端到端的、可靠的或不可靠的传输。此外,传输层还要处理端到端的差错控制和流量控制问题。传输层的任务是根据通信子网的特性,最佳的利用网络资源,为两个端系统的会话层之间,提供建立、维护和取消传输连接的功能,负责端到端的可靠数据传输。传输层信息传送的协议数据单元为段或报文。网络层只是根据网络地址将源结点发出的数据包传送到目的结点,而传输层则负责将数据可靠地传送到相应的端口。传输层包含的主要协议有 TCP 协议(transmission control protocol,传输控制协议)、UDP 协议(user datagram protocol,用户数据报协议),对应设备为网关。

5. 会话层

会话层(session)管理主机之间的会话进程,即负责建立、管理、终止进程之间的会话。会话层还利用在数据中插入校验点来实现数据的同步。

6. 表示层

表示层(presentation layer)对上层数据或信息进行变换以保证一个主机应用层信息可以被另一个主机的应用程序理解。表示层的数据转换包括数据的加密、压缩、格式转换等。

7. 应用层

应用层(application layer)为操作系统或网络应用程序提供访问网络服务的接口。

会话层、表示层和应用层的数据传输基本单位都为报文,包含的主要协议有 FTP(file transfer protocol,文件传送协议)、Telnet(远程登录协议)、DNS(domain name system,域名系统)、SMTP(simple mail transfer protocal,邮件传送协议)、POP3(post office protocol-version 3,邮局协议版本 3)、HTTP(hyper text transfer protocol,超文本传输协议)等。

2.2 IPv4

2.2.1 IPv4 介绍

IPv4(Internet Protocol Version 4,网际协议版本 4)是网际协议开发过程中的第四个修订版本,也是此协议第一个被广泛部署的版本;除非特别指明,一般讲的 IP 地址都是基于 IPv4,日常生活中经常使用到的 32 位的网络地址(如 192.168.1.1)即为 IPv4 地址的表示方法,IP 地址分类如表 2-2 所示。

表 2-2 IP 地址分类

地址	开头	网络号	地 址 范 围
A	0	第一个字节	0.0.0.0～127.255.255.255
B	10	前两个字节	28.0.0.0～191.255.255.255
C	110	前三个字节	192.0.0.0～223.255.255.255
D	1110	—	224.0.0.0～239.255.255.255
E	1111	—	240.0.0.0～255.255.255.255
说明	D 类地址作为组播地址(一对多的通信),E 类地址为保留地址,供以后使用。只有 A、B、C 类地址有网络号和主机号之分,D 类地址和 E 类地址没有划分网络号和主机号		

1. 网络地址

IP 地址由网络号(包括子网号)和主机号组成,网络地址的主机号为全 0,网络地址代表着整个网络。

2. 广播地址

广播地址通常称为直接广播地址,是为了区分受限广播地址。广播地址与网络地址的主机号正好相反,广播地址中,主机号为全 1。当向某个网络的广播地址发送消息时,该网络内的所有主机都能收到该广播消息。

3. 组播地址

D 类地址就是组播地址。

4. 255.255.255.255

255.255.255.255 指的是受限的广播地址。受限广播地址与一般广播地址(直接广播地址)的区别在于,受限广播地址只能用于本地网络,路由器不会转发以受限广播地址为目的地址的分组;一般广播地址既可在本地广播,也可跨网段广播。例如:主机 192.168.1.1/30 上的直接广播数据包后,另一个网段 192.168.1.5/30 也能收到该数据报;若发送受限广播数据报,则不能收到。

注:一般的广播地址(直接广播地址)能够通过某些路由器(不是所有的路由器),而受限的广播地址不能通过路由器。

5. 0.0.0.0

0.0.0.0 常用于寻找自己的 IP 地址,如在 RARP、BOOTP 和 DHCP 协议中,若某个未知 IP 地址的无盘机以 255.255.255.255 为目的地址,向本地范围(被各个路由器屏蔽的范围内)的服务器发送 IP 请求分组,则可获知自己的 IP 地址。

6. 回环地址

127.0.0.0/8 被用作回环地址,回环地址表示本机的地址,常用于对本机的测试,用得最多的是 127.0.0.1。

7. A、B、C 类私有地址

私有地址(Private IP Address)也称为专用地址,它们不会在全球使用,只具有本地意义,如表 2-3 所示。

表 2-3　IP 私有地址分类

类别	私 有 地 址	范　　围	网段个数
A	10.0.0.0/8	10.0.0.0~10.255.255.255	1
B	172.16.0.0/12	172.16.0.0~172.31.255.255	16
C	192.168.0.0/16	192.168.0.0~192.168.255.255	256

2.2.2　子网掩码及网络划分

子网掩码是在 IPv4 地址资源紧缺时为了解决 IP 地址分配而产生的虚拟 IP 技术,通过子网掩码将 A、B、C 三类地址划分为若干子网,从而显著提高了 IP 地址的分配效率,有效解决了 IP 地址资源紧张的局面。同时在企业内网中为了更好地管理网络,也可利用子网掩码,人为地将一个较大的企业内部网络划分为更多个小规模的子网,再利用三层交换机的路由功能实现子网互联,从而有效解决网络广播风暴和网络病毒等诸多网络管理方面的问题。

子网掩码是标志两个 IP 地址是否同属于一个子网的 32 位二进制地址,其每一个为 1 代表该位是网络位,为 0 代表该位是主机位。子网掩码和 IP 地址一样也使用点式十进制表示。如果两个 IP 地址在子网掩码的按位与的计算下所得结果相同,即表明它们共属于同一子网中。

在计算子网掩码时,注意 IP 地址中的保留地址,即 0 地址和广播地址,它们是指主机地址或网络地址全为 0 或 1 时的 IP 地址,它们代表着本网络地址和广播地址,一般不能被计算在内。

对于无须再划分成子网的 IP 地址来说,其子网掩码按照其定义即可写出。如某 B 类 IP 地址为 10.12.3.0,无须再分割子网,则该 IP 地址的子网掩码为 255.255.0.0;如果是一个 C 类地址,则其子网掩码为 255.255.255.0。其他子网掩码的计算方法如表 2-4 所示。

表 2-4   子网掩码计算方法

计 算 方 式	计 算 要 求	子 网 掩 码
利用子网数来计算	B 类 IP 地址 168.195.0.0 划分成 27 个子网	255.255.248.0
利用主机数来计算	B 类 IP 地址 168.195.0.0 划分成若干子网,每个子网内有主机 700 台	255.255.252.0
根据主机数量进行子网地址的规划和计算子网掩码	子网有 10 台主机	255.255.255.240
	子网有 14 台主机	255.255.255.224

2.3   网络通信常用协议

在综合布线系统工程设计、施工、调试过程中,经常会涉及交换机、路由器、摄像头等网络设备,在综合布线系统测试与验收过程中,也经常要用到计算机相关测试仪器,如工程宝、寻线仪等,因此有必要了解计算机网络通信相关的常用协议。

2.3.1   ARP/RARP 协议

ARP 是根据 IP 地址获取物理地址的一个 TCP/IP 协议。主机发送信息时将包含目标 IP 地址的 ARP 请求广播到网络上的所有主机,并接收返回消息,以此确定目标的物理地址。收到返回消息后将该 IP 地址和物理地址存入本机 ARP 缓存中并保留一定时间,下次请求时直接查询 ARP 缓存以节约资源。地址解析协议建立在网络中各个主机互相信任的基础上,网络上的主机可以自主发送 ARP 应答消息,其他主机收到应答报文时不会检测该报文的真实性就会将其记入本机 ARP 缓存;由此攻击者就可以向某一主机发送伪 ARP 应答报文,使其发送的信息无法到达预期的主机或到达错误的主机,这就构成了一个 ARP 欺骗。ARP 命令可用于查询本机 ARP 缓存中 IP 地址和 MAC 地址的对应关系、添加或删除静态对应关系等。

RARP 的功能和 ARP 协议相对,其将局域网中某个主机的物理地址转换为 IP 地址,比如局域网中有一台主机只知道物理地址而不知道 IP 地址,那么可以通过 RARP 协议发出征求自身 IP 地址的广播请求,然后由 RARP 服务器负责回答。

2.3.2　RIP/OSPF 路由选择协议

常见的路由选择协议有:RIP(routing information protocol,路由信息协议)、OSPF(open shortest path first,开放式最短路径优先)。

(1) RIP 的底层算法是贝尔曼福特算法,它选择路由的度量标准是跳数,最大跳数是 15 跳,如果大于 15 跳,就会丢弃数据包。

(2) OSPF 的底层算法是迪杰斯特拉算法,是链路状态路由选择协议,它选择路由的度量标准是带宽,延迟。

2.3.3　TCP/IP 协议

TCP/IP 协议是 Internet 最基本的协议,是 Internet 国际互联网络的基础,由网络层的 IP 协议和传输层的 TCP 协议组成。TCP 负责发现传输的问题,有问题就发出信号,要求重新传输,直到所有数据安全正确地传输到目的地。而 IP 是给因特网的每一台联网设备规定一个地址。

使用 TCP 的协议包括 FTP、Telnet、SMTP、POP3、HTTP 等。

2.3.4　UDP 协议

UDP(user datagram protocol,用户数据报协议),是面向无连接的通信协议,UDP 数据包括目的端口号和源端口号信息,由于通信不需要连接,所以可以实现广播发送。

UDP 通讯时不需要接收方确认,属于不可靠的传输,可能会出现丢包现象,实际应用中要求程序员编程验证。

UDP 与 TCP 位于同一层,但它不管数据包的顺序、错误或重发。因此,UDP 不被应用于那些使用虚电路的面向连接的服务,UDP 主要用于那些面向查询-应答的服务,例如 NFS(Network File System,网络文件系统)。相对于 FTP 或 Telnet,这些服务需要交换的信息量较小。

使用 UDP 的协议包括 TFTP(trivial file transfer protocol,简单文件传输协议)、SNMP(simple network management protcol,简单网络管理协议)、DNS、NFS、BOOTP(bootstrap protocol,引导程序协议)等。

TCP 与 UDP 的区别:TCP 是面向连接的,是可靠的字节流服务;UDP 是面向无连接的,是不可靠的数据包服务。

2.3.5　DNS 协议

DNS 用于命名组织到域层次结构中的计算机和网络服务,将 URL 转换为 IP 地址。一般来讲,一个域名对应一个 IP 地址,但是有时一个域名也可以对应多个 IP 地址。DNS 是进行域名解析的服务器。DNS 命名用于 Internet 等 TCP/IP 网络中,通过用户友好的名称查找计算机和服务。

2.3.6　NAT 协议

NAT(network address translation,网络地址转换)属于接入广域网技术,是一种将私有(保留)地址转化为合法 IP 地址的转换技术,它被广泛应用于各种类型 Internet 接入方式和各种类型的网络中,尤其在目前企业或者家庭宽带接入场景中,无线路由器/无线 AP 等的普及化应用,NAT 技术得到了广泛应用。NAT 完美地解决了 IP 地址不足的问题,而且能够有效地避免来自网络外部的攻击,隐藏并保护网络内部的计算机,也在一定程度上缓解了 IPv4 网络地址不足的局面。

2.3.7　DHCP 协议

DHCP(dynamic host configuration protocol,动态主机设置协议)是一个局域网的网络协议,使用 UDP 协议工作,主要是给内部网络或网络服务供应商自动分配 IP 地址,同时提供给用户或者内部网络管理员作为对所有计算机作中央管理的手段。

2.3.8　HTTP 与 HTTPS 协议

HTTP(hyper text transfer protocol,超文本传输协议)是互联网上应用最广泛的一种网络协议,所有的 WWW 文件都必须遵守该标准。

HTTPS(hypertext transfer protocol over secure socket layer,安全套接字层超文本传输协议),是以安全为目标的 HTTP 通道,在 HTTP 的基础上通过传输加密和身份认证保证了传输过程的安全性。HTTPS 在 HTTP 的基础上加入 SSL,HTTPS 的安全基础是 SSL。HTTPS 被广泛用于万维网上安全敏感的通信,例如交易支付等方面。

2.4　通信网络数据传输技术基础与常用术语

(1) 信道传输速率:通道传输速率的单位是 bps、kbps、Mbps。

(2) 调制速率:在模拟通道中传输数字信号时常使用调制解调器,在调制器的输出端输出的是被数字信号调制的载波信号,因此自调制器的输出至解调器的输入的信号速率取决于载波信号的频率。

(3) 数据速率:指信源入/出口处每秒传送的二进制脉冲的数目。

(4) 通信方式:当数据通信在点对点间进行时,按照信息的传送方向,其通信方式包括单工、半双工、全双工三种方式。单工通信式方式是单方向传输数据,不能反向传输。半双工通信方式既可以单方向传输数据,也可以反方向传输,但不能同时进行。全双工通信方式可以在两个不同的方向同时发送和接收数据。

(5) 传输方式:数据在信道上按时间传送的方式,包括串行传输和并行传输。

(6) 基带传输:信道上传输的没有经过调制的数字信号。基带传输有单极性脉冲、双极性脉冲、单极性归零脉冲、多电平脉冲四种方式。

(7) 宽带传输:在某些信道中(如无线信道,光纤信道)由于不能直接传输基带信号,要利用调制和解调技术,即利用基带信号对载波波形的某些参数进行调控,从而得到易于在信道中传输的被调波形,其载波通常采用正弦波,正弦波有三个能携带信息的参数,即幅度、频率、相位。控制这三个参数之一就可使基带信号沿着信道顺利传输。在到达接收端时再作相应的反变换，还原成发送端的基带信号，达到宽带传输的目的。在局域网内宽带传输一般采用同轴电缆作为传输介质。

2.5　IPv6

IPv6(internet protocol version 6，互联网协议第 6 版)是互联网工程任务组(IETF)设计的用于替代 IPv4 的下一代 IP 协议，其地址数量浩瀚无边，号称可以为全世界的每一粒沙子编上一个地址。

鉴于 IPv4 最大的问题在于网络地址资源不足，已严重制约了互联网的应用和发展。采用 IPv6 不仅能解决网络地址资源数量的问题，也克服了多种接入设备连入互联网的障碍，故 IPv6 是下一代互联网协议的必然选择。早在 2016 年，互联网数字分配机构(IANA)已向国际互联网工程任务组(IETF)提出建议，要求新制定的国际互联网标准只支持 IPv6，不再兼容 IPv4。

IPv4 地址长度为 32 位，IPv6 的地址长度为 128 位，后者是前者的 4 倍。IPv6 地址采用十六进制表示，有 3 种表示方法，包括冒分十六进制表示法、0 位压缩表示法、内嵌 IPv4 地址表示法。为了实现 IPv4 与 IPv6 互通，IPv4 地址会嵌入 IPv6 地址中，此时地址常表示为 X:X:X:X:X:X:d.d.d.d，前 96b 采用冒分十六进制表示法，而最后 32b 地址则使用 IPv4 的点分十进制表示法，例如，::192.168.0.1 与 ::FFFF:192.168.0.1，在前 96b 中，压缩 0 位的方法依旧适用。

与 IPv4 相比，IPv6 具有的优势如表 2-5 所示。

表 2-5　IPv6 具有的优势

序号	优　势	优　势　内　容
1	更大的地址空间	IPv4 规定 IP 地址长度为 32，最大地址数为 2^{32} 个；而 IPv6 中 IP 地址的长度为 128，最大地址数为 2^{128} 个，地址空间增加了 $2^{128}-2^{32}$ 个。Ipv6 具备更大的地址空间
2	更小的路由表	IPv6 地址分配遵循聚类(aggregation)的原则，使路由器可在路由表中用一条记录(entry)表示一片子网，采用更小的路由表，大幅减少了路由表的长度，提高了路由器转发数据包的速度
3	增强功能和自动配置支持	IPv6 增加了增强的组播(multicast)支持以及对流的控制(flow control)，使得网络上的多媒体应用有了长足发展的机会，为服务质量(QoS，quality of service)控制提供了良好的网络平台。并加入对自动配置(auto configuration)的支持，对 DHCP 协议的改进和扩展，使得网络(尤其是局域网)的管理更加方便和快捷
4	更高的安全性	在 IPv6 网络中用户可以对网络层的数据进行加密并对 IP 报文进行校验，加密与鉴别选项提供了分组的保密性与完整性。极大地增强了网络安全性
5	便于扩充	有新技术或应用需要时，IPv6 允许协议进行扩充
6	优化的头部格式	IPv6 使用新的头部格式，其选项与基本头部分开，如果需要，可将选项插入基本头部与上层数据之间，简化和加速了路由选择过程，因为大多数的选项不需要由路由选择
7	其他优势	IPv6 有一些新的选项来实现附加的功能

随着 IPv4 地址日渐消耗殆尽,许多国家已经意识到 IPv6 技术所带来的优势,特别是中国,通过一些国家级的项目,推动了 IPv6 下一代互联网全面部署和大规模商用。随着 IPv6 的各项技术日趋完美,其成本过高、发展缓慢、支持度不够等问题也日渐淡出人们的视野。

2021 年 7 月 12 日,中央网络安全和信息化委员会办公室、国家发展和改革委员会、工业和信息化部发布《关于加快推进互联网协议第六版(IPv6)规模部署和应用工作的通知》,我国 IPv6 应用正在有计划大范围的应用推广。

中国目前拥有的 IPv6 地址数量世界排名第一,截至 2021 年 4 月 8 日,中国总共获得 IPv6 地址块数量为 59039 个/32,中国 IPv6 拥有总量超过之前一直排名第一的美国,重返世界第一。2021 年 4 月 1 日,中国教育网申请获批一个/20 地址块(240a:a000::),即国家重大科技基础设施建设项目"未来网络试验设施:未来互联网试验设施 FITI(future internet technology infrastructure)",获得亚太互联网信息中心 APNIC 分配的/20 超大规模 IPv6 地址块(相当于 4096 个/32 地址),此次获得地址数量使得我国 IPv6 地址总数跃居全球第一。

2.6　无线局域网

无线局域网(wireless local area network,WLAN)指应用无线通信技术将计算机设备互联起来,构成可以互相通信和实现资源共享的网络体系。无线局域网利用射频 RF(radio frequency)技术,使用电磁波,代替需要敷设的双绞铜线所构成的局域网络,它的本质的特点是,不再使用通信电缆将计算机与网络连接起来,而是通过无线的方式连接,从而使网络的构建和终端的移动更加灵活。

无线局域网技术(包括 IEEE802.11、蓝牙技术和 HomeRF 等)是 21 世纪无线通信领域最有发展前景的重大技术之一。以 IEEE 为代表的多个研究机构针对不同的应用场合,制定了一系列协议标准,推动了无线局域网的实用化。

2.6.1　常见的无线通信传输技术

常见的无线通信传输技术一般可分为两种:近距离无线通信传输技术和远距离无线通信传输技术。

1. 近距离无线通信传输技术

近距离无线通信传输技术是指传输距离在较近的范围内,通信双方都通过无线电波传输数据,其应用范围非常广泛,包括 Zig-Bee、蓝牙(Bluetooth)、无线宽带(WiFi)、超宽带(UWB)和近场通信(NFC)等,近年来都应用较为广泛且具有较好发展前景。

2. 远距离无线通信传输技术

远距离无线传输技术主要应用于偏远地区,包括 GPRS/CDMA、数传电台、扩频微波、无线网桥及卫星通信、短波通信技术等。在离城市较为偏远的山区或不宜铺设线路的地区,多用卫星通信和短波通信技术。

4G 和 5G 作为新一代移动通信网络技术,相比于传统技术(3G 等),传输速率大幅提升。5G 即第五代移动通信网络,其峰值理论传输速度可达每秒 10GB 甚至更高,已能够满足绝大多数的网络传输应用需求。据工信部数据显示,我国移动网络保持 5G 建设全球领先,截至 2022 年年底,我国累计建成并开通 5G 基站 231.2 万个,基站总量占全球60％以上。国内众多企业包括华为等公司,正在积极探索寻求将 5G 应用在更广泛的工业互联网领域。

6G 被称为第六代移动通信技术,数据传输速率可达到 5G 的几十倍,时延缩短到 5G 的十分之一左右,在峰值速率、时延、流量密度、连接数密度、移动性、频谱效率、定位能力等方面远优于 5G,具有更好的发展前景。

2.6.2　WiFi

1. WiFi

WiFi 始于 1997 年,当年 6 月,IEEE 委员会制定和颁布了首个无线局域网标准IEEE802.11,为无线局域网技术提供了统一标准,当时的传输速率为 1～2 Mbit/s。随后陆续出现新的 WLAN 标准,分别为 IEEE802.11a 和 IEEE802.11b。IEEE802.11b 标准首先于1999 年 9 月正式颁布,其速率为 11Mbit/s。改进的 IEEE802.11a 标准在 2001 年年底正式颁布,传输速率可达到 54Mbit/s。

2003 年 3 月 Intel 首次推出带有 WLAN 无线网卡芯片模块的迅驰处理器,WiFi 开始快速发展,经过两年多的发展,基于 IEEE802.11b 标准的无线网络产品和应用日趋成熟,2003 年 6 月 IEEE 委员会发布了可提供 54Mbit/s 接入速率的新标准 IEEE802.11g。

目前广泛使用的是 802.11n(第四代)和 802.11ac(第五代)标准,它们可工作在 2.4GHz和 5GHz 两个频段上,传输速率可达 600Mbit/s 以上。

由于 WiFi 技术实现相对简单,通信可靠、灵活,成本低等优势,逐渐成为无线局域网的主流技术标准,WiFi 渐渐几乎成了 WLAN 技术标准的代名词。

2. 蓝牙(Bluetooth)

蓝牙是由 SIG(特别兴趣小组)制定的一个公共的、无须许可证的规范,可实现短距离无线语音和数据通信,工作于 2.4GHz 的 ISM 频段,基带部分的数据速率为 1Mbit/s,有效无线通信距离为 10～100m,采用时分双工传输方案实现全双工传输。蓝牙技术采用自动寻道技术和快速跳频技术保证传输的可靠性,具有全向传输能力,但不需对连接设备进行定向。蓝牙技术是一种改进的无线局域网技术,但其设备尺寸更小,成本更低。

3. HomeRF 和 HyperLAN

HomeRF 技术主要用于实现 PC 机和用户电子设备之间的无线数字通信,是 IEEE802.11与 DECT(数字增强无绳通信)相结合的一种开放标准。HomeRF 标准采用扩频技术,与蓝牙一样,工作在 2.4GHz 频带。

HiperLAN 是无线局域网通讯标准的一个子集,主要应用在欧洲。HiperLAN 包括HiperLAN/1 和 HiperLAN/2 两种,都工作在 5GHz 频段,并采用 OFDM 调制方式,物理层速率最高可达 54Mbit/s。

4. 无线局域网标准的比较

目前处于主导地位的无线局域网标准是由 IEEE 制定的 802.11 系列协议,由于 802.11标准采用的是 TCP/IP 协议,更适用于大型网络,有效工作范围比蓝牙技术和 HomeRF 要大得多,综合布线系统中常用的无线局域网技术为采用 802.11 标准的 WiFi 技术。

5. 无线局域网优势

由于具备众多优势,无线局域网近年来发展十分迅速,已经在多种场合包括各类社区、工厂企业、园区、学校等,尤其是家庭室内上网等场合得到了广泛的应用。无线局域网的优势见表 2-6。

表 2-6   无线局域网的优势

序号	优 势	优 势 内 容
1	灵活设置和移动方便	有线网络中,网络设备设置与安装均要受到空间和网络位置的限制,而无线局域网在无线信号覆盖区域内,则不受任何限制,任何位置都可以接入网络,并可随时方便改变位置,具有很大的灵活性。同时无线局域网可让连接到无线局域网的用户任意移动且能与网络保持连接,具有移动性的优势
2	部署方便快捷,易于规划调整	无线局域网一般只要安装一个或多个接入点设备,实现覆盖整个区域的上网需求,最大程度有效减少网络布线的工作量。并且易于进行网络规划和调整,不像有线网络,网络拓扑结构的改变通常需要重新布线
3	易于定位故障和扩展	有线网络一旦出现物理故障,诊断和维修都很困难。无线网络则很容易定位故障,一般只需更换故障设备即可恢复网络连接。并且易于扩展,并可实现节点间"漫游"等有线网络无法实现的特性
4	接入设备种类丰富	有线网络一般为 RJ 45 铜缆或 LC 光纤等物理端口,接入设备受限,而无线网络则可无线接入包括手机、平板电脑,智能电视,智能家居终端等多种设备,接入设备种类丰富

6. 无线局域网的不足之处

无线局域网给用户带来方便和快捷的同时,也存在着一些缺陷和不足,需要不断加以改进和完善,才能获得更好的发展。无线局域网的不足之处主要体现在三个方面,如表 2-7 所示。

表 2-7   无线局域网不足之处

序号	不足	不 足 内 容
1	性能受限	无线局域网依靠无线电波进行传输,而通常大型建筑物、大型物体和其他障碍物都可能阻碍电磁波的传输,距离和空间都会极大的影响网络的性能
2	速率受限	无线信道的传输速率与有线信道相比要低得多。目前无线局域网的最大传输速率为约为 1Gbit/s,实际远低于这个数值,适合于个人终端和小规模网络应用
3	安全、稳定性不高	由于本质上无线电波是不要求建立物理的连接通道,无线信号是发散传播的,从理论上讲,更容易被监听到无线电波广播范围内的任何信号,并更容易受到其他信号源的干扰,从而造成通信信息泄漏和网络中断

2.7   虚拟电缆测试技术

虚拟电缆测试(virtual cable test,VCT)技术,是网络通信设备中常见的一个功能。VCT 技术使用时域反射(time domain reflection,TDR)技术来检测电缆状态,当脉冲信号在电缆中传输时,信号的一部分能量会在电缆的末端或故障点处反射,这种现象称为 TDR。VCT 算法测量通过电缆传输脉冲信号、到达故障点和返回脉冲信号所花费的时间,将测量的时间转换为距离。

　　VCT 原理图如图 2-5 所示,交换机 Switch A 的 GE 0/0/1 通过网线连接到交换机 Switch B 的 GE 0/0/2。网线存在故障点。在 GE 0/0/1 上配置 VCT 后,系统会产生脉冲信号。当脉冲信号到达故障点时,部分能量反射到 GE 0/0/1。假设本例中交换机 Switch A 到故障点的距离为 L,从发送脉冲信号到接收到反射脉冲信号的周期为 T,脉冲信号在电缆中的传输速率为 V,即可用 $L=(V \times T)/2$ 计算故障点与 GE 0/0/1 之间的距离。

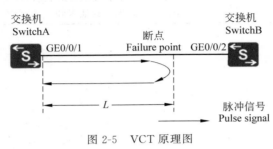

图 2-5　VCT 原理图

　　虚拟电缆测试(VCT)技术可以检测网线故障类型,识别故障点,便于网线故障定位。

　　以华为交换机为例,测试方法在接口模式下输入 virtual-cable-test,对以太网电口 GE1/0/1 连接电缆进行检测。

```
<Quidway>system-view
[Quidway] interface gigabitethernet 1/0/1
[Quidway-GigabitEthernet1/0/1] virtual-cable-test
Warning: The command will stop service for a while, continue? [Y/N]:y
Info: This operation may take a few seconds. Please wait for a moment..........
done.
Pair A length: 89meter(s)
Pair B length: 89meter(s)
Pair C length: 89meter(s)
Pair D length: 89meter(s)
Pair A state: ok
Pair B state: ok
Pair C state: ok
Pair D state: ok
Info: The test result is only for reference.
```

VCT 测试相关输出项目描述如表 2-8 所示。

表 2-8　VCT 测试相关输出项目描述

序号	项　　目	描　　　　述
1	Pair A/B/C/D	表示双绞线电缆的 4 对线
2	Pair A length	电缆长度: 有故障时为接口到故障位置的长度; 无故障时为电缆的实际长度; 未接电缆时为默认长度 0m

序　号	项　　目	描　　述
3	Pair A state	网线状态： ok(正常)：表示线对(PAIR)正常终结； open(开路)：表示线对开路； short(短路)：表示线对短路； crosstalk(串扰)：表示线对之间有串音(相互有干扰)； unknown(未知)：其他未知故障原因

第 3 章

综合布线常用设备、工具和材料

3.1 常用的传输介质

网络通信分为有线通信和无线通信两种方式,有线通信利用电缆、光缆或电话线来充当传输导体;无线通信利用卫星、微波、红外线来充当传输导体。

在选择网络通信线路时,必须考虑网络的性能、价格、使用规则、安装的难易程度、可扩展性及其他一些因素。

在网络综合布线系统中使用的线缆通常分为双绞线、同轴电缆、大对数线、光缆等。市场上供应的线缆品种型号较多、工程技术人员应根据实际的工程需求进行选购,在满足符合设计要求的情况下,主要考虑线缆的作用、型号、品种和主要性能,综合布线系统等级与类别的选用如表 3-1 所示。

表 3-1 综合布线系统等级与类别的选用

业务种类		配线子系统		干线子系统		建筑群子系统	
		等级	类别	等级	类别	等级	类别
语音		D/E	5/6(4 对)	C/D	3/5(大对数)	C	3(室外大对数)
数据	电缆	D、E、EA、F、FA	5、6、6A、7、7A(4 对)	E、EA、F、FA	6、6A、7A(4 对)	—	—
	光纤	OF-300 OF-500 OF-2000	OM1、OM2、OM3、OM4 多模光缆 OS1、OS2 单模光缆及相应等级连接器件	OF-300 OF-500 OF-2000	OM1、OM2、OM3、OM4 多模光缆 OS1、OS2 单模光缆及相应等级连接器件	OF-300 OF-500 OF-2000	OS1、OS2 单模光缆及相应等级连接器件
其他应用[①][②]		可采用 5/6/6A 类 4 对对绞电缆和 OM1/OM2/OM3/OM4 和 OS1/OS2 单模光缆及相应等级连接器件级连接器件					

注:①为建筑物其他弱电子系统采用网络端口传送数字信息时的应用。

② OF-300、OF-500、OF-2000 为光缆布线信道类型,支持的应用长度不小于 300m、500m、2000m。OM1 指 850/1300nm 满注入带宽在 200/500MHz.km 以上的 50μm 或 62.5μm 芯径多模光纤。广泛部署于建筑物内部的应用,支持最大值为 1GB 的以太网络传输。OM2 指 850/1300nm 满注入带宽在 500/500MHz.km 以上的 50μm 或 62.5μm 芯径多模光纤。OM3 和和 OM4 是 850nm 激光优化的 50μm 芯径多模光纤,在采用 850nm VCSEL(垂直腔面发射激光器)的 10Gb/s 以太网中,OM3 光纤传输距离可以达到 300m,OM4 光纤传输距离可以达到 550m。

3.1.1 双绞线线缆

双绞线(twisted pair,TP)是综合布线工程中最常用的一种传输介质,它由两根具有绝缘保护层的铜导线组成。把两根绝缘的铜导线按一定密度互相绞在一起,每一根导线在传输中辐射出的电波会被另一根线上发出的电波抵消,有效降低信号干扰的程度。

双绞线一般由两根 22 号、24 号或 26 号绝缘铜导线相互缠绕而成,双绞线的名字也是由此而来。实际使用时,双绞线是由多对双绞线一起包在一个绝缘电缆套管里。把一对或多对双绞线放在一个绝缘套管中便成了双绞线电缆,日常生活中一般把"双绞线电缆"直接称为"双绞线",结构如图 3-1 所示。

一对或多对双绞线在一个绝缘套管中组成双绞线电缆,双绞线电缆的不同线对具有不同的扭绞长度,通常扭绞长度为 38.1～140mm,按逆时针方向扭绞。相临线对的扭绞长度在 12.7mm 以上,一般扭线越密其抗干扰能力越强。

图 3-1   五类非屏蔽双绞线结构示意图

与其他传输介质相比,双绞线在传输距离、信道宽度和数据传输速度等方面均受一定限制,但价格较为低廉,因此应用比较广泛。

根据有无屏蔽层,双绞线分为屏蔽双绞线(shielded twisted pair,STP)与非屏蔽双绞线(unshielded twisted pair,UTP)。

屏蔽双绞线在双绞线与外层绝缘封套之间有一个金属屏蔽层。屏蔽双绞线分为 STP 和 FTP(Foil Twisted-Pair),STP 指每条线都有各自的屏蔽层,而 FTP 只在整个电缆有屏蔽装置,并且两端都正确接地时才起作用,所以要求整个系统是屏蔽器件,包括电缆、信息点、水晶头和配线架等,同时建筑物需要有良好的接地系统。屏蔽层可减少辐射,防止信息被窃听,也可阻止外部电磁干扰的进入,使屏蔽双绞线比同类的非屏蔽双绞线具有更高的传输速率。但在实际施工时,屏蔽双绞线很难全部接地,从而使屏蔽层本身成为最大的干扰源,经常导致性能甚至远不如非屏蔽双绞线。所以,除非有特殊需要(如银行、证券、政府信息等行业),通常在综合布线系统中只采用非屏蔽双绞线。

非屏蔽双绞线是一种数据传输线缆,由四对不同颜色的传输线缆组成,广泛用于以太网和电话线中。

非屏蔽双绞线电缆具有以下优点。

(1) 无屏蔽外套,直径小,节省空间,成本低。

(2) 重量轻,易弯曲,易安装。

(3) 将串扰减至最小或加以消除。

(4) 具有阻燃性。

(5) 具有独立性和灵活性,适用于结构化综合布线。

3.1.2   双绞线电缆分类

按照频率和信噪比进行分类,常见的非屏蔽双绞线电缆有三类线、五类线和超五类线,六类线、七类线以及八类线,线径依次由细至粗。双绞线线缆分类具体如下。

(1) 一类线(CAT1):线缆最高频率带宽是 750kHZ,用于报警系统,或只适用于语音传输(一类标准主要用于八十年代初之前的电话线缆),不用于数据传输。

(2) 二类线(CAT2):线缆最高频率带宽是 1MHZ,用于语音传输和最高传输速率为

4Mbps 的数据传输,常见于使用 4Mbps 规范令牌传递协议的旧式的令牌网。

（3）三类线（CAT 3）：指在 ANSI 和 EIA/TIA568 标准中指定的电缆,该电缆的传输频率为 16MHz,最高传输速率为 10Mbps（10Mbit/s）,主要应用于语音、10Mbit/s 以太网（10BASE-T）和 4Mbit/s 令牌环网,最大网段长度为 100m,采用 RJ 形式的连接器,已淡出市场。

（4）四类线（CAT4）：该类电缆的传输频率为 20MHz,用于语音传输和最高传输速率为 16Mbps（指的是 16Mbit/s 令牌环网）的数据传输,主要用于基于令牌的局域网和 10BASE-T/100BASE-T。最大网段长为 100m,采用 RJ 形式的连接器,未被广泛采用。

（5）五类线（CAT5）：该类电缆增加了绕线密度,外套一种高质量的绝缘材料,线缆最高频率带宽为 100MHz,最高传输率为 100Mbps,用于语音传输和最高传输速率为 100Mbps 的数据传输,主要用于 100BASE-T 和 1000BASE-T 网络,最大网段长为 100m,采用 RJ 形式的连接器。五类线是最常用的以太网电缆。在双绞线电缆内,不同线对具有不同的绞距长度。通常 4 对双绞线绞距周期在 38.1mm 长度内,按逆时针方向扭绞,一对线对的扭绞长度在 12.7mm 以内。

（6）超五类线（Cat5e）：该类线缆具有衰减小、串扰少,并且具有更高的衰减与串扰的比值（ACR）和信噪比（SNR）、更小的时延误差,性能得到很大提高。超 5 类线主要用于千兆位以太网（1000Mbps）。目前市场上常用的双绞线也是 5 类和超 5 类。5 类线主要是针对 100Mbps 网络提出的,该标准最为成熟,也是当今市场的主流。后来开发千兆以太网时,许多厂商把可以运行千兆以太网的 5 类产品冠以"增强型"Enhanced Cat 5,简称 5E 推向市场。美国的 TIA/EIA 568A-5 是 5E 标准。5E 也被人们称为"超 5 类"或"5 类增强型"。

需要注意的是,最新国家标准《综合布线系统工程设计规范》GB 50311—2016 参照了国际标准《用户建筑通用布线系统》ISO 11801—2010.4 提出对绞电缆布线系统包括了 EA、FA 等级,规定了 6A、7A 类布线系统支持的传输带宽,分别可达到 500MHz 和 1000MHz,标准中不再提及 5e 类布线系统。在标准《商业建筑电信布线》ANSI/TIA-568-C 中将 5 类布线系统提升为 5e 类。不再包含 5 类布线系统。

目前,在我国的布线产品及产品标准中。包括了 5 类与 5e 类布线系统。因此在工程设计中,对 5 类与 5e 类布线系统设计与产品的选用应考虑到我国的相关布线标准与《综合布线系统工程设计规范》GB 50311—2016 所列出的布线系统指标参数值的差异性。

（7）六类线（CAT6）：该类电缆的传输频率为 1～250MHz,六类布线系统在 200MHz 时综合衰减串扰比（PS-ACR）应该有较大的余量,它提供 2 倍于超五类的带宽。六类布线的传输性能远高于超五类标准,最适用于传输速率高于 1Gbps 的应用。六类与超五类的一个重要的不同点在于,改善了在串扰以及回波损耗方面的性能,对于新一代全双工的高速网络应用而言,优良的回波损耗性能极其重要。六类标准中取消了基本链路模型,只有永久链路和通道链路,布线标准采用星形拓扑结构,要求的布线距离为永久链路的长度不能超过 90m,信道长度不能超过 100m。

（8）超六类或 6A（CAT6A）：此类产品传输带宽介于六类和七类之间,传输频率为 500MHz,传输速度为 10Gbps,标准外径 6mm。和七类产品一样,国家还没有出台正式的检测标准,只是行业中有此类产品,各厂家宣布一个测试值。

（9）七类线（CAT7）：传输频率为 600MHz,传输速度为 10Gbps,单线标准外径 8mm,多芯线标准外径 6mm,为双层屏蔽（SFTP）即总屏蔽＋线对屏蔽,每对都有一个屏蔽层（一般为金属箔屏蔽），此外 8 根芯外还有一个屏蔽层（一般为金属编织丝网屏蔽 Braided Shield），接口与 RJ 45 相同。七类线 S/FTP Cat7(HSYVP-7)最高传输频率 600MHz，超七类线的传输频率为 1000MHz，七类完全支持万兆，传输速度为 10Gbps。

（10）八类线（CAT8）：传输频率为 2000MHz，传输速度为 40Gbps。八类网线与七类网线一样是双层屏蔽(SFTP)，拥有两个导线对，2000MHz 的超高宽频，传输速率高达 40Gb/s，但它最大传输距离仅有 30m，一般用于短距离数据中心的服务器、交换机、配线架以及其他设备的连接，主要用在网络设备互联的跳线。

计算机网络综合布线使用的 4 对双绞线种类如表 3-2 所示。

表 3-2　双绞线分类

	屏蔽型/MHz	非屏蔽型/MHz
双绞线	5 类(带宽 100)	3 类(带宽 16)
	超 5 类(带宽 100)	5 类(带宽 100)
	6 类(带宽 250)	超 5 类（带宽 100）
	6A 类(带宽 500)	6 类(带宽 250)
	7 类(带宽 600)	6A 类(带宽 500)
	7A 类(带宽 1000)	
	8 类(带宽 2000)	

4 对双绞线导线线对色谱如表 3-3 所示。

表 3-3　4 对双绞线导线线对色谱

线对	导线颜色
1	蓝白、蓝
2	橙白、橙
3	绿白、绿
4	棕白、棕

不同种类的双绞线用途不同，也有不同的传输频率与传输速率，如表 3-4 所示。

表 3-4　双绞线用途分类与传输频率、速率

网线类型	用　途	传输频率/MHz	最高传输速率
1 类线	用于 20 世纪 80 年代初的电话线缆	比较低	比较低
2 类线	适用于旧的令牌网	1	4Mbps
3 类线	主要用于支持 10M 网线	16	10Mbps
4 类线	用于令牌局域网和以太网络使用	20	16Mbps
5 类线	适用于 100BASE-T 和 10BASET 网络	100	100Mbps
超 5 类线	主要用于千兆位以太网	100	1000Mbps
6 类线	适用于传输速率高于 1Gbps 的网络	1～250	1Gbps
超 6 类线	主要应用于千兆位网络中	200～250	1000Mbps
7 类线	适应万兆位以太网技术的应用	600 以上	10Gbps
8 类线	适应万兆位以太网技术的应用	2000	40Gbps

同时对应的电缆布线系统的分级与类别也各自不同，如表 3-5 所示。

表 3-5　电缆布线系统的分级与类别

系统分级	系统产品类别	支持最高带宽（Hz）	支持应用器件	
			电缆	连接硬件
A	—	100K	—	—
B		1M		
C	3 类（大对数）	16M	3 类	3 类
D	5 类（屏蔽和非屏蔽）	100M	5 类	5 类
E	6 类（屏蔽和非屏蔽）	250M	6 类	6 类
EA	6 A 类（屏蔽和非屏蔽）	500M	6 A 类	6 A 类
F	7 类（屏蔽）	600M	7 类	7 类
FA	7A 类（屏蔽）	1000M	7 A 类	7 A 类
Ⅰ	8.1 类（屏蔽）	2000M	8.1 类兼容 6A 类	8.1 类兼容 6A 类
Ⅱ	8.2 类（屏蔽）	2000M	8.2 类兼容 7 类	8.2 类兼容 7 类

说明：① 5 类、6 类、6A 类、7 类布线系统应能支持向下兼容的应用。

② 目前 8.1 类和 8.2 类主要应用于数据中心。

双绞线类型数字越大、版本越新，技术越先进、带宽越宽，价格也越贵。不同类型的双绞线标注方法不同，如果是标准类型则按 CATx 方式标注，如常用的五类线和六类线，则在线的外皮上标注为 CAT5、CAT6。而如果是改进版，就按 xe 方式标注，如超五类线就标注为 5e。

所有种类双绞线，衰减都随频率的升高而增大。在设计布线时，要考虑到受到衰减的信号还应当有足够大的振幅，以便在有噪声干扰的条件下能够在接收端正确地被检测出来。双绞线能够传送多高速率（Mb/s）的数据还与数字信号的编码方法有很大的关系。

3.1.3　双绞线的性能指标

双绞线的性能指标包括衰减、近端串扰、直流电阻、特性阻抗、衰减串扰比、电缆特性等。

1. 衰减

衰减（Attenuation）是沿链路的信号损失度量，衰减随频率而变化。衰减与线缆的长度有关系，随着长度的增加，信号衰减也随之增加。衰减用 db 作单位，表示源传送端信号到接收端信号强度的比率。由于衰减随频率而变化，因此，应测量在应用范围内的全部频率上的衰减。

2. 近端串扰

串扰分近端串扰 NEXT 和远端串扰 FEXT，测试仪主要是测量 NEXT，由于存在线路损耗，因此 FEXT 的量值的影响较小。NEXT 损耗是测量一条非屏蔽双绞线链路中从一对线到另一对线的信号耦合。对于非屏蔽双绞线链路，NEXT 是一个关键的性能指标，也是最难精确测量的一个指标。随着信号频率的增加，其测量难度将加大。NEXT 并不表示在近端点所产生的串扰值，它只是表示在近端点所测量到的串扰值。这个量值会随电缆长度不同而变，电缆越长，其值变得越小。同时发送端的信号也会衰减，对其他线对的串扰也相对变小。实验证明,只有在 40m 内测量得到的 NEXT 是较真实的。如果另一端是远于 40m 的信息插座,那么它会产生一定程度的串扰,但测试仪可能无法测量到这个串扰值。因此,最好在两个端点都进行 NEXT 测量。大部分测试仪都配有相应设备,使得在链路一端就能测量出两端的 NEXT 值。

信道与链路两种方式下的 NEXT 测试的结果如表 3-6 和表 3-7 所示。

表 3-6　各种连接为最大长度时各种频率下的衰减极限

频率/MHz	最大衰减 20℃					
	信道(100m)			链路(90m)		
	3 类	4 类	5 类	3 类	4 类	5 类
1	4.2	2.6	2.5	3.2	2.2	2.1
4	7.3	4.8	4.5	6.1	4.3	4.0
8	10.2	6.7	6.3	8.8	6	5.7
10	11.5	7.5	7.0	10	6.8	6.3
16	14.9	9.9	9.2	13.2	8.8	8.2
20		11	10.3		9.9	9.2
25			11.4			10.3
31.25			12.8			11.5
62.5			18.5			16.7
100			24			21.6

表 3-7　特定频率下的 NEXT 衰减极限

频率/MHz	最小 NEXT					
	信道(100m)			链路(90m)		
	3 类	4 类	5 类	3 类	4 类	5 类
1	39.1	53.3	60.0	40.1	54.7	60.0
4	29.3	43.3	50.6	30.7	45.1	51.8
8	24.3	38.2	45.6	25.9	40.2	47.1
10	22.7	36.6	44.0	24.3	38.6	45.5
16	19.3	33.1	40.6	21	35.3	42.3
20		31.4	39.0		33.7	40.7
25			37.4			39.1
31.25			35.7			37.6
62.5			30.6			32.7
100			27.1			29.3

3. 直流电阻

直流环路电阻会消耗一部分信号,并将其转变成热量。它是指一对导线电阻的和,11801 规格的双绞线的直流电阻不得大于 19.2Ω。每对间的差异不能太大(小于 0.1Ω),否则表示接触不良,必须检查连接点。

4. 特性阻抗

与环路直流电阻(通过链路一端的两根导线环路的总电阻)不同,特性阻抗包括电阻及频率为 1～100MHz 的电感阻抗及电容阻抗,它与一对电线之间的距离及绝缘体的电气性能有关。各种电缆有不同的特性阻抗,而双绞线电缆则有 100Ω、120Ω 及 150Ω 几种。

5. 衰减串扰比

在某些频率范围,串扰与衰减量的比例关系是反映电缆性能的另一个重要参数。衰减串扰比 ACR 有时也以信噪比 SNR 表示,它由最差的衰减量与 NEXT 量值的差值计算得出。ACR 值较大,表示抗干扰的能力更强。一般系统要求至少大于 10dB。

6. 电缆特性

通信信道的品质是由其电缆特性描述的 SNR 是在考虑到干扰信号的情况下,对数据信号强度的一个度量。如果 SNR 过低,将导致数据信号在被接收时,接收器不能分辨数据信号和噪声信号,最终引起数据错误。因此,为了将数据错误限制在一定范围内,必须定义一个最小的可接收的 SNR。

3.1.4　双绞线的标识

正规生产厂家制造的双绞线外套上,都会印刷上线缆的标识记号,了解这些标识符号对于正确选择何种类型的双绞线,组建网络类型,或者迅速定位网络故障大有帮助。通常我们使用的双绞线,不同生产商的产品标志可能不同,但一般包括以下信息。

(1) 双绞线的生产商和产品规格型号。

(2) 双绞线类型。

(3) 防火测试和级别。

(4) 长度标志。

(5) 生产日期。

常用 Cat5e 非屏蔽线缆类型标识含义如表 3-8 所示,电缆型号由电缆型式与规格代号组成,常用电缆型号标识与含义如图 3-2 和表 3-9 所示。

表 3-8　常用 Cat5e 非屏蔽线缆类型标识含义

型号	线 缆 类 型
HSYV	数字通信用实心聚烯烃绝缘聚氯乙烯护套水平对绞电缆
HSYZ	数字通信用实心聚烯烃绝缘低烟无卤阻燃聚烯烃护套水平对绞电缆

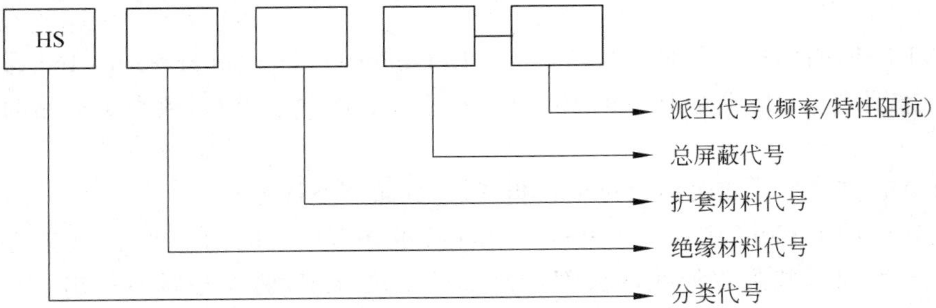

图 3-2　电缆型式代号标识说明

表3-9　电缆型式与代号及含义

分　类		绝缘材料		护套材料		总屏蔽		最高传输频率		特性阻抗	
代号	含义	代号	含义	代号	含义	代号	含义	代号	含义	代号	含义
HS	数字通信用水平对绞电缆	Y	实心聚烯烃	V	聚氯乙烯	省略	无	3	16MHz	省略	100Ω
		Z	低烟无卤阻燃聚烯烃	Z	低烟无卤阻燃聚烯烃	P	有	4	20MHz		
								5	100MHz		
								5e	100MHz（双工）		
		W	聚全氟乙丙烯	W	含氟聚合物			6	250MHz		
								省略	300MHz	150	150Ω

说明：① 实心铜导体代号省略。

② 实心聚烯烃包含聚丙烯（PP）、低密度聚乙烯（LDPE）、中密度聚乙烯（MDPE）、高密度聚乙烯（HDPE）。

③ 低烟无卤阻燃聚烯烃简称 LSNHP。

④ 聚全氟乙丙烯缩写代号为 FEP。

国标规定双绞线电缆护套外表面至少应印有制造厂名或其代号，制造年份及电缆型号，间距不大于 1m。电缆外护套表面应有能永久识别的清晰长度标志，颜色为黑色（或其他约定颜色），长度以 m 为单位，标志间距为 1m，长度标志误差应不大于±0.5%。

如某线缆标识：SAMZHE HSYV-5e 4 * 2 * 0.50 Cat5e UTP 4PAIRS TO YD/T1019—2013 2020/10/29/L 163M。

此标识说明该线缆类型是按照国家标准《数字通信用实心聚烯烃绝缘水平对绞电缆》，2020 年 10 月 29 日批次，制造生产的 4 对共 8 根超五类非屏蔽双绞电缆，线缆类型为数字通信用实心聚烯烃绝缘聚氯乙烯护套水平对绞电缆，裸铜线径为 0.5mm，此标识为整箱电缆长度（一般为 305m）的 163m 处标识。

因为双绞线记号标志没有统一标准，因此并不是所有的双绞线都会有相同的记号，如下标识：AVAYA-C SYSTEIMAX 1061C ＋ 4/24AWG CM VERIFIED UL CAT5E 31086FEET 09745.0 MeteRS，此标识提供此条双绞线的以下信息。

（1）AVAYA-C SYSTEMIMAX：指的是该双绞线的生产商。

（2）1061C＋：指的是该双绞线的产品号。

（3）4/24：说明这条双绞线是由 4 对 24AWG 电线的线对所构成。铜电缆的直径通常用 AWG（American Wire Gauge）单位来衡量。通常 AWG 数值越小，电线直径越大。通常使用的双绞线一般是 24AWG 规格。

（4）CM：是指通信通用电缆，CM 是 NEC（美国国家电气规程）中防火耐烟等级中的一种。

（5）VERIFIED UL：说明双绞线满足 UL（Underwriters Laboratories Inc.保险业者实验室）的标准要求。UL 成立于 1984 年，是一家非营利的独立组织，致力于产品的安全性测试和认证。

（6）CAT 5E：指该双绞线通过 UL 测试，达到超 5 类标准。

（7）31086FEET 09745.0 MeteRS：表示生产这条双绞线时的长度点，如果想了解一箱双绞线的长度，可以找到双绞线的头部和尾部的长度标记，两者相减后得出。1 英尺等于 0.3048 米，有的双绞线以米作为单位。

再如另一条双绞线的标志：

AMP NETCONNECT ENHANCED CATEGORY 5 CABLE E138034 1300 24AWGUL CMR/MPR OR CUL CMG/MPG VERIFIEDUL CAT 5 1347204FT1947，除了和第一条相同的标志外，还有以下标志。

（1）ENHANCED CATEGORY 5 CABLE：表示该双绞线属于超 5 类。

（2）E138034 1300：代表其产品号。

（3）CMR/MPR、CMG/MPG：表示该双绞线的类型。

（4）CUL：表示双绞线同时还符合加拿大的标准。

（5）1347204FT：双绞线的长度点，FT 为英尺缩写。

（6）1947：指的是制造厂的生产日期，这里是 2019 年第 47 周。

3.1.5　大对数线缆

大对数电缆（multipairs cable）是由 25 对具有绝缘保护层的铜导线组成，如图 3-3 所示。多对电缆组成一小捆，再由很多小捆组成一大捆，更大对数的电缆则再由多个大捆组成一根更大的电缆。常用大对数通信电缆型号类型如表 3-10 所示。

图 3-3　大对数线缆

表 3-10　常用大对数通信电缆型号类型

型　号	线 缆 类 型
HYA	铜芯实心聚烯烃绝缘挡潮层聚乙烯护套市内通信电缆
HYAT	铜芯实心聚烯烃绝缘填充式挡潮层聚乙烯护套市内通信电缆
HYAC	铜芯实心聚烯烃绝缘自承式挡潮层聚乙烯护套市内通信电缆
HYA53	铜芯实心聚烯烃绝缘挡潮层聚乙烯护套钢塑带铠装聚乙烯护套市内通信电缆
HYAT53	铜芯实心聚烯烃绝缘填充式挡潮层聚乙烯护套钢塑带铠装聚乙烯护套市内通信电缆
HYA22	铜芯实心聚烯烃绝缘挡潮层聚乙烯护套钢带铠装聚氯乙烯护套市内通信电缆
HYA23	铜芯实心聚烯烃绝缘挡潮层聚乙烯护套钢带铠装聚乙烯护套市内通信电缆
HYAT22	铜芯实心聚烯烃绝缘填充式挡潮层聚乙烯护套钢带铠装聚氯乙烯护套市内通信电缆
HYAT23	铜芯实心聚烯烃绝缘填充式挡潮层聚乙烯护套钢带铠装聚乙烯护套市内通信电缆
HYV	铜芯实心聚烯烃绝缘聚氯乙烯护套市内通信电缆

1. 大对数线缆的产品结构

（1）导线：符合 GB/T 3953—2009（电工圆铜线）规定的 TR 型软圆铜线，其标称直径为：0.4mm、0.5mm、0.6mm、0.7mm、0.8mm、0.9mm。

（2）绝缘：绝缘级高密度聚乙烯或聚丙烯，绝缘线按照全色谱颜色，识别标明，绝缘颜色符合 GB/T 6995.2—2008（国标：电线电缆识别标志方法　第 2 部分：标准颜色）规定。

（3）对绞：把两根不同颜色的绝缘单线按照不同的节距扭绞成对，以最大限度地减少串音，并采用规定的色谱组合以便识别线对。

（4）缆芯：由若干个基本单位或超单位绞合而成，每个单位都用规定色谱扎带绕扎，以便识别不同的单位。100 对及以上的电缆加有 1% 预备线对，但最多不超过 6 对。

(5) 缆芯包带：用非吸湿性带绕包锁芯。

(6) 铝塑黏结综合护套包括以下两种形式。

① 屏蔽：用 0.30mm 厚的双面涂塑铝带，纵包于缆心包带之外，两边搭接大于 6mm 并黏合在一起，400 对以上采用轧纹纵包。

② 护套：黑色低密度聚乙烯。

(7) 识别和长度标记：电缆表面印有永久性识别标记，标记间隔 1 米，标记内容有型号、规格、厂名、商标、制造年份及计米。

2. 大对数线缆的电气性能

根据国家工业与信息化部 2013 年 4 月 25 日颁布的 YD/T 322—2013(铜芯聚烯烃绝缘铝塑综合护套市内通信电缆)国标要求，大对数线缆主要电气性能包括以下几个方面。

(1) 直流电阻：$20℃$，$0.4 \leqslant 148\Omega/km$，$0.5 \leqslant 95.0\Omega/km$，$0.6 \leqslant 65.8\Omega/km$，$0.8 \leqslant 36.6\Omega/km$。

(2) 绝缘电气强度：导体之间 1min 1kV 不击穿，导体与屏蔽 1min 3kV 不击穿。

(3) 绝缘电阻：每根芯线与其余线芯接地，充气电缆大于 $10000M\Omega/km$，填充式电缆大于 $3000M\Omega/km$。

(4) 工作电容：平均值 $52\pm2nF/km$。

(5) 远端串音防卫度：150kHz 时指定组合的功率平均值大于 69dB/km。

3. 普通网线与大对数电缆区别

(1) 线对不同。普通网线在局域网中为常见的通信线缆，通常为 4 对双绞线缆。而大对数电缆是指很多对的电缆组成一小捆，再由很多小捆组成一大捆(更大对数的电缆则再由多个大捆组成一根更大的电缆)。

(2) 包容物不同。普通网线使用的双绞线，剥除外包皮后即可见到双绞线网线的 4 对 8 条芯线，并且可以看到每对芯线的颜色都不同。每对缠绕的两根芯线是由一根全色护套线和一根白色或半色护套线组成。

大对数线缆一般采用非缠绕线缆，拨开线皮后每根线缆很清楚。大对数线缆需打开线皮 30~50cm 从最下面才可区分线对。

(3) 传输的信号不同。在信号传输方面，普通网线传输的是 TCP/IP 协议网络数据，遵守的是 TCP/IP 网络协议，而大对数一般传输的是语音模拟电信号。大对数线缆传输距离与对数无关，大对数线缆一般分为 Cat3 类和 Cat5 类铜缆，大对数线缆在综合布线系统工程中，多用于语音主干通讯等用途，多数为 Cat3 类铜缆。

4. 大对数线缆色谱

大对数线缆色谱共有 10 种颜色组成：5 种主色和 5 种副色；5 种主色和 5 种副色又组成 25 种色谱，通常大对数通信电缆按 25 对色来标识组成多对，如 25 对、50 对、100 对等。

线缆主色为：白、红、黑、黄、紫；线缆副色为：蓝、橙、绿、棕、灰。其中一般把白、红、黑、黄、紫称作 a 线，蓝、橙、绿、棕、灰称作 b 线。一组线缆为 25 对，以色带来分组，一共分到 24 组。每组分别为：(白蓝、白橙、白绿、白棕、白灰)；(红蓝、红橙、红绿、红棕、红灰)；(黑蓝、黑橙、黑绿、黑棕、黑灰)；(黄蓝、黄橙、黄绿、黄棕、黄灰)；(紫蓝、紫橙、紫绿、紫棕、紫灰)。

若分到 24 组后线缆总数为 600 对，每 600 对再分成一大组，每大组用白、红、黑、黄、紫分别来标识,就可以标识 3000 对线缆。

25 对和 50 对大对数线缆线对色谱分别见表 3-11 和表 3-12。

表 3-11　25 对大对数线缆线对色谱

线对	线对颜色	线对	线对颜色
1 对	白蓝	14 对	黑棕
2 对	白橙	15 对	黑灰
3 对	白绿	16 对	黄蓝
4 对	白棕	17 对	黄橙
5 对	白灰	18 对	黄绿
6 对	红蓝	19 对	黄棕
7 对	红橙	20 对	黄灰
8 对	红绿	21 对	紫蓝
9 对	红棕	22 对	紫橙
10 对	红灰	23 对	紫绿
11 对	黑蓝	24 对	紫棕
12 对	黑橙	25 对	紫灰
13 对	黑绿		

表 3-12　50 对大对数线缆线对色谱

线对	线对颜色	线对	线对颜色
1 对	白蓝	21 对	紫蓝
2 对	白橙	22 对	紫橙
3 对	白绿	23 对	紫绿
4 对	白棕	24 对	紫棕
5 对	白灰	25 对	紫灰
6 对	红蓝	26 对	白蓝
7 对	红橙	27 对	白橙
8 对	红绿	28 对	白绿
9 对	红棕	29 对	白棕
10 对	红灰	30 对	白灰
11 对	黑蓝	31 对	红蓝
12 对	黑橙	32 对	红橙
13 对	黑绿	33 对	红绿
14 对	黑棕	34 对	红棕
15 对	黑灰	35 对	红灰
16 对	黄蓝	36 对	黑蓝
17 对	黄橙	37 对	黑橙
18 对	黄绿	38 对	黑绿
19 对	黄棕	39 对	黑棕
20 对	黄灰	40 对	黑灰

线对	线对颜色	线对	线对颜色
41 对	黄蓝	46 对	紫蓝
42 对	黄橙	47 对	紫橙
43 对	黄绿	48 对	紫绿
44 对	黄棕	49 对	紫棕
45 对	黄灰	50 对	紫灰

说明：50 对通信电缆里有 2 种标识线，其中 1～25 对用"白蓝"标识线缠，26～50 对用"白橙"标识线缠。以此类推，100 对的通信电缆里有 4 种标识线，第一捆的 25 对用"白蓝"标识线缠，第二捆的 25 对用"白橙"标识线缠，第三捆的 25 对用"白绿"标识线缠，第四捆的 25 对用"白棕"标识线缠，第五捆的 25 对用"白灰"标识线缠，第六捆的 25 对用"红蓝"标识线缠，第七捆的 25 对用"红橙"标识线缠，第八捆的 25 对用"红绿"标识线缠。线缆对应位置线位：蓝 1～25，橙 26～50，绿 51～75，棕 76～100。在剥线时(特别是 100 对电缆时)要注意用隔离带将每组线分开，以免混淆。

3.1.6　同轴电缆

同轴电缆(Coaxial Cable)是一种电线及信号传输线，一般由四至五层物料造成：最内里是一条导电铜线，线的外面有一层塑胶(作绝缘体、电介质之用)围拢，绝缘体外面又有一层薄的网状导电体(一般为铜或合金)，然后导电体外面是最外层的绝缘物料作为外皮。同轴电缆结构图如图 3-4 所示。

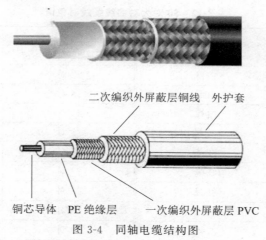

图 3-4　同轴电缆结构图

同轴电缆可用于模拟信号和数字信号的传输，适用于多种应用，其中最重要的包括有线电视传播、长途电话传输、计算机系统之间的短距离连接以及局域网等。早期，在局域网中，同轴电缆是令牌环网的主要传输介质。同时，更重要的应用是有线电视，一个有线电视系统可以承载几十个甚至几百个不同的电视频道，其传播范围可以达几十千米。此外，同轴电缆还是长途电话网的重要组成部分。如今，随着网络技术的飞速发展，同轴电缆的应用范围远不如光纤、地面微波和卫星通信。

同轴电缆从用途上分可分为 50Ω 基带同轴电缆和 75Ω 宽带同轴电缆两类(即网络同轴电缆和视频同轴电缆)。基带电缆又分细同轴电缆和粗同轴电缆。基带电缆仅用于数字传输，数据率可达 10Mbps。粗同轴电缆与细同轴电缆是指同轴电缆的直径大小，粗缆适用于比较大型的局域网络,传输距离长、可靠性高。

最常用的同轴电缆有 RG-8 或 RG-11(50Ω)、RG-58(50Ω)、RG-59(75Ω)、RG-62(93Ω)等。早期的计算机网络一般选用 RG-8 以太网粗缆和 RG-58 以太网细缆,RG-59 用于电视系统,RG-62 用于 ARCnet 令牌总线网络和 IBM3270 大型机网络。

同轴电缆一般安装在设备与设备之间。在每一个用户位置上都装有一个连接器为用户提供接口。对于细缆,接口的安装方法是将细缆切断,两头装上 BNC 头,然后接在 T 型连接器两端。对于粗缆,接口的安装方法一般采用一种类似夹板的端头(Tap)上的引导针穿透电缆的绝缘层,直接与导体相连。电缆两端头要有终结器来降低信号的反射作用。

同轴电缆不可绞接,各部分通过低损耗的 75Ω 连接器连接。连接器在物理性能上与电缆相匹配。中间接头和耦合器用线管包住,以防不慎接地。室外安装施工,同轴电缆采用深埋地层里,或者采用电杆来架设。同轴电缆每隔 100m 应采用一个标记,以便于维修。必要时每隔 20m 要对电缆进行支撑。在建筑物内部安装时,要考虑便于维修和扩展,在必要的地方还要提供管道来保护电缆。

3.1.7　光纤与光缆

光导纤维(optical fiber)简称光纤,是一种由二氧化硅(石英)或玻璃材料制成的纤维,光导纤维是一种传输光束的纤细而柔软的介质,它是数据传输中最有效的一种通信传输介质,它的频带较宽,电磁绝缘性能好,衰减较小,适合在较长距离内传输信息。微细的光纤封装在塑料护套中,使它能够弯曲而不至于断裂。通常光纤的一端的发射装置使用发光二极管或一束激光将光脉冲传送至光纤中,光纤的另一端的接收装置使用光敏元件检测脉冲。

光缆(optical fiber cable)由光导纤维组成。由单芯或多芯构成的缆线称为光缆。

光缆两端通过光学连接器和跳线与设备连接。由于光纤一般只能单向传输信号,为了实现双向通信,光纤就必须成对使用,一路用于接收,另一路用于发送。光缆主要用于连接距离较远且通信量较大的网络设备,典型的光缆结构如图 3-5 所示。

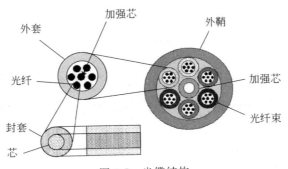

图 3-5　光缆结构

光纤通信是现代信息传输的重要方式之一。它具有容量大、中继距离长、保密性好、不受电磁干扰和节省铜材等优点。典型的光纤结构如图 3-6 所示,自内向外依次为纤芯、涂覆层及包层。

1. 光纤物理结构

光纤包层的外径一般为 125μm(一根头发直径为 60～100μm),常用的 62.5/125μm 多

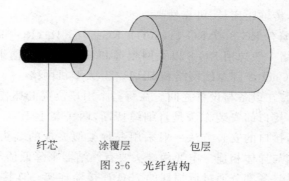

纤芯　　涂覆层　　包层

图 3-6　光纤结构

模光纤,指的就是纤芯外径是 62.5μm,加上包层后外径是 125μm。另一种常见的 50/
125μm 多模光纤,指纤芯外径是 50μm,加上包层后外径是 125μm。光纤的纤芯和包层不可
分离,纤芯与包层合起来组成裸光纤。用光纤工具剥去外皮(Jacket)和塑料层(Coating)后,
暴露在外面的是涂有包层的纤芯,一般很难看到真正的纤芯。

2. 光缆种类

光纤的类型由模材料(玻璃或塑料纤维)、芯和外层尺寸决定,芯的尺寸大小决定光的传
输质量。

(1) 按照光缆内使用光纤的种类不同,光缆可分为单模光缆和多模光缆。

(2) 按照光缆内光纤纤芯的多少,光缆可分为单芯光缆和双芯光缆等。

(3) 按照传输性能、距离和用途的不同,光缆可分为用户光缆、市话光缆、长途光缆和海
底光缆。

(4) 按照加强件配置方法的不同,光缆可分为中心加强构件光缆、分散加强构件光缆、
护层加强构件光缆和综合外护层光缆。

(5) 按照传输导体、介质状况的不同,光缆可分为无金属光缆、普通光缆、综合光缆(主
要用于铁路专用网络通信线路)。

(6) 按照铺设方式不同,光缆可分为管道光缆、直埋光缆、架空光缆和水底光缆。

(7) 按照结构方式不同,光缆可分为扁平结构光缆、层绞式光缆、骨架式光缆、铠装光缆
和高密度用户光缆。

3. 光缆连接方式

(1) 永久性光纤连接,即热熔。这种连接是用高压电弧放电的方法,将两根光纤的连接
点熔化并连接在一起。一般用在长途接续、永久或半永久固定连接。其主要特点是连接衰
减在所有的连接方法中最低,典型值为 0.01~0.03dB/点。但连接时,需要专用设备(熔接
机)和专业人员进行操作,而且,连接点也需要专用容器保护起来。

(2) 应急连接,即冷熔。应急连接主要是用机械和化学的方法,将两根光纤固定并黏接
在一起。这种方法的主要特点是连接迅速可靠,连接典型衰减为 0.1~0.3dB/点。但连接点
长期使用会不稳定,衰减也会大幅度增加,所以只能短时间内应急使用。

(3) 活动连接。活动连接是利用各种光纤连接器件(插头和插座),将站点与站点或站
点与光缆连接起来的一种方法。这种方法灵活、简单、方便、可靠,多用在建筑物内网络布线
或者光纤入户(FTTH)布线中,其典型衰减为 1dB/接头。

4. 光纤分类

光纤按照不同的特点可有各种不同的分类方式,如按光的模式可分为单模、多模光纤;按折射率可分为跳变式光纤和渐变式光纤。根据 ITU(国际电信联盟标准)国际统一标准,将光纤分为七种:G651、G652、G653、G654、G655、G656、G657,其中常用的是 G652、G657。各种光纤特点和应用场景如表 3-13 所示。

表 3-13　光纤特点和应用场景

光纤类型	名　称	特　点	应　用
G651	多模渐变型折射率光纤	适用于波长为 850nm/1310nm	局域网,不适用于长距离传输
G652	色散非位移单模光纤	零色散波长约为 1310nm,但是也可以在 1550nm 波长范围内使用	应用最广泛的光纤,城域网建设多采用
G653	色散位移光纤	在 1550nm 波长左右的色散降至最低,从而使光损耗降至最低	适合长距离单信道光通信系统
G654	截止波长位移光纤	1550nm 衰耗系数最低(比 G652、G653、G655 光纤约低 15%),因此称为低衰耗光纤,色散系数与 G652 相同	海底或地面长距离传输
G655	非零色散位移光纤	1550nm 的色散接近零,但不是零	WDM 和长距离光缆
G656	低斜率非零色散位移光纤	衰减在 1460~1625nm 处较低,但是当波长小于 1530nm 时,对于 WDM 系统来说色散太低	确保了 DWDM 系统中更大波长范围内的传输性能
G657	耐弯光纤	弯曲损耗不敏感光纤,弯曲半径最小可达 5~10mm	FTTH 入户

说明:WDM 是一种可以在单根光纤上利用不同的光波长传输多路数据信号的技术,DWDM 为密集波分复用系统。WDM 和 DWDM 应用的是同一种技术,它们是在不同发展时期对 WDM 系统的称呼,如果不特指 1310nm/1550nm 的两波分 WDM 系统,一般指 WDM 系统就是 DWDM 系统。

3.2　常用的布线器材及工具

3.2.1　钢管

钢管分为无缝钢管和焊接钢管两大类,如图 3-7 所示。暗敷管路系统中常用的钢管为焊接钢管。钢管按壁厚不同分为普通钢管(水压实验压力为 2.5MPa)、加厚钢管(水压实验压力为 3MPa)和薄壁钢管(水压实验为 2MPa)。普通钢管和加厚钢管统称为水管,有时简称为厚管,它有屏蔽电磁干扰能力强、机械强度高、密封性能好、抗弯、抗压和抗拉性能好等特点,在综合布线系统中主要用在垂直干线上升管路、房屋底层。薄壁钢管又简称薄管或电管,因管壁较薄承受压力不能太大,常用于建筑物天花板内外部受力较小的暗敷管路。

工程施工中常用的金属软管有 D16、D20、D25、D32、D40、D50、D63 等规格。一般管内填充物占 30%左右,软管(俗称蛇皮管,如图 3-8 所示)供弯曲的地方使用。在机房的综合布线系统缆线敷设中,在同一金属线槽中安装双绞线和电源线,将电源线安装在钢管中,再与双绞线一起敷设在线槽中,起到良好的电磁屏蔽作用。工程布线过程中,常用简易弯管器包括扇形弯管器与手动弯管器等来制作弯曲钢管,如图 3-9 和图 3-10 所示。

图 3-7　钢管

图 3-8　金属软管

图 3-9　扇形弯管器

图 3-10　手动弯管器

综合布线工程常用薄壁镀锌钢管包括 KBG 管和 JDG 管。KBG 管又称扣压式导线管,采用优质薄壁板材加工而成,双面冷镀锌全方位 360°保护,管与管件连接不需再跨接地线,是针对吊顶,明装等电气线路安装工程而研制。JDG 管又称紧定式镀锌钢导管,导管采用优质冷轧带钢,经高频焊机组自动焊缝成型,也是薄壁钢管,双面镀锌保护;壁厚均匀,卷焊圆度高,与管接头公差配合好,焊缝小而圆顺,管口边缘平滑;用配套弯管器弯管时横截面变形小。尽管 KBG 管和 JDG 管同属镀锌薄壁钢导管,但是二者的连接方式不同,KBG 管为扣压式连接方式,JDG 管则为紧定式连接方式。两个管的路转弯的处理方法也不相同,KBG 管利用弯管接头,JDG 管则使用弯管器煨弯的处理方式。

3.2.2　塑料管

塑料管是由树脂、稳定剂、润滑剂及添加剂配制挤塑成型。目前用于综合布线系统的主要有以下产品:聚氯乙烯管材(PVC-U 管),如图 3-11 所示;高密聚乙烯管材(HDPE 管),如图 3-12 所示;双壁波纹管、子管、铝塑复合管、硅芯管和混凝土管等。综合布线系统中通常采用的是软、硬聚氯乙烯管,为内、外壁光滑的实壁塑料管。

图 3-11　聚氯乙烯管材(PVC-U 管)

图 3-12　高密聚乙烯管材(HDPE 管)

聚氯乙烯管材(PVC-U 管)是综合布线工程中使用最多的一种塑料管,管长通常为 4m、5.5m 或 6m,管径为 D16、D20、D25、D32、D40、D45、D63、D110 等规格。PVC 管具有优异的耐酸、耐碱、耐腐蚀性,耐外压强度、耐冲击强度等都非常高,具有优异的电气绝缘性能,适用于各种条件下的电线、电缆的保护套管配管工程。

3.2.3　线槽

在综合布线系统施工中,槽管是重要的组成部分,包括 PVC 线槽/管、金属管、PVC 管等,如图 3-13 所示。

线槽主要用于在墙面固定线缆,由 PVC 材料挤塑成型。常用线槽规格型号主要包括 20 系列、40 系列、100 系列等。常用规格主要包括 20mm×10mm、25mm×12.5mm、30mm×16mm、39mm×18mm 等。

与 PVC 槽配套的附件有阳角、转角、堵头、阴角、三通、直接等,如图 3-14 和图 3-15 所示。

图 3-13　PVC 线槽

图 3-14　阳角、转角、堵头

图 3-15　阴角、三通、直接

3.2.4　桥架

桥架是综合布线系统中常用的设备,电缆敷设过程中使用桥架,使电缆线路以及高层建筑的网络布线变得整齐、美观、规范,在工程设计中也实现了标准化、系列化和通用化,为美化环境和安全生产提供了新途径。电缆桥架具有应用广、强度大、结构轻、施工简单、配线灵活、安全标准、外形美观的特点,为综合布线系统的技术改造、扩充电缆容量、维护检修带来方便。

桥架按结构可分为:槽式、托盘式(组合式托盘)、梯级式和网格式等多种类型。

槽式桥架是全封闭电缆桥架,如图 3-16 所示,它适用于敷设计算机线缆、通信线缆、热电偶电缆及其他高灵敏系统的控制电缆等。它对屏蔽干扰重腐蚀环境中电缆防护有较好的效果,适用于室外和需要屏蔽的场所。各种规格的槽式桥架连接件如图 3-17 所示。

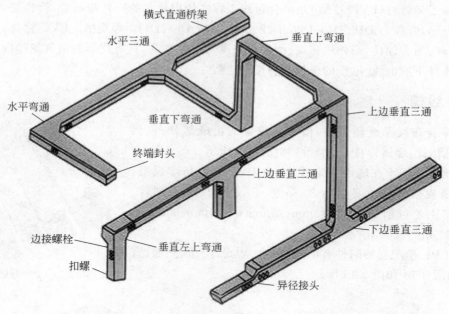

图 3-16　槽式桥架

托盘式桥架具有重量轻、载荷大、造型美观、结构简单、安装方便、散热透气性好等优点，适用于地下层、吊顶内等场所，如图 3-18 所示。

梯级式桥架具有重量轻、成本低、造型别致、通风散热好等特点。它适用于一般直径较大电缆的敷设，适用于地下层、垂井、活动地板下和设备间的线缆敷设，如图 3-19 所示。

网格式桥架具有良好的通风功能，安装方便快捷，简单灵活，信息网络技能大赛现场设备多采用网格式桥架，如图 3-20 所示。

桥架的安装范围包括在管道上架空敷设、楼板和梁下吊装，以及室内外墙壁、柱壁、露天立柱和支墩、隧道、电缆沟壁上的侧装等。

桥架选择一般需要考虑结构类型、原料、防火等级、尺寸等方面因素，桥架尺寸计算方法如下。

电缆桥架的高(h)和宽(b)之比一般为 $1:2$，各型桥架标准长度为 2m/根。桥架板厚度标准为 $1.5\sim2.5$mm，实际产品还有 0.8mm、1.0mm、1.2mm 的产品，选购桥架时，应根据在桥架中敷设线缆的种类和数量来计算桥架的大小。

电缆桥架宽度(b)的计算：电缆的总面积 $S_0=n_1\times\pi\times(d_1/2)2+n_2\times\pi\times(d_2/2)2+\cdots$，式中 d_1、d_2、$\cdots$ 为各电缆的直径，n_1、n_2、n_3、$\cdots$ 为相应电缆的根数。一般电缆桥架的填充率取 40% 左右，故需要的桥架横截面积为：$S=S_0/40\%$，则电缆桥架的宽度为：$b=S/h=S_0/40\%\times h$，式中 h 为桥架的净高。

3.2.5　机柜

机柜是综合布线系统中放置设备和线缆交接的场所，工程中一般采用 19 英寸宽的机柜，称为标准机柜，主要包括基本框架、内部支撑系统、布线系统和散热通风系统。

图 3-17　槽式桥架连接件

图 3-18　托盘式桥架

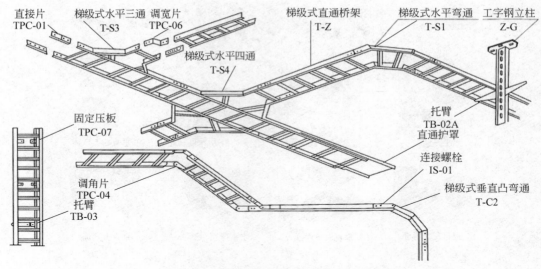

图 3-19　梯级式桥架

图 3-20　网格式桥架

机柜根据外形可分为：立式机柜，如图 3-21 所示；挂墙式（壁挂式）机柜，如图 3-22 所示；开放式机柜（机架）等。

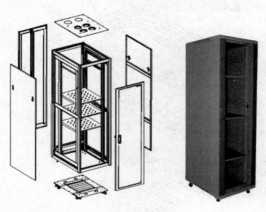

图 3-21　立式机柜

图 3-22　清华易训壁挂式机柜

机柜宽度有 600mm 和 800mm 等尺寸,机柜深度有 500mm、600mm、800mm 等尺寸,机柜高度有 1.0m、1.2m、1.6m、1.8m、2.0m 和 2.2m 等尺寸。根据尺寸不同,机柜分为 6U、9U、12U、32U、38U、42U 等型号(1U=44.45mm),常用机柜 19 英寸机柜架尺寸表如表 3-14 所示。

表 3-14　综合布线系统中常用机柜 19 英寸机柜架尺寸

名　称	类型	规格尺寸/mm(高×宽×深)	备　注
标准机柜	18U	1000×600×600	
	24U	1200×600×600	
	27U	1400×600×600	
	32U	1600×600×600	
	37U	1800×600×600	模拟设备间子系统
	42U	2000×600×600	模拟建筑群子系统
服务器机柜	42U	2000×800×800	
	37U	1800×800×800	
	24U	1200×600×800	
	27U	1400×600×800	
	32U	1600×600×800	
	37U	1800×600×800	模拟设备间子系统
	42U	2000×600×800	模拟建筑群子系统
壁挂机柜	6U	350×600×450	安装在综合布线实训装置上模拟楼层管理间
	9U	500×600×450	工程常用
	12U	650×600×450	
	15U	800×600×450	
	18U	1000×600×450	

3.2.6　信息模块

网络信息模块用于设备间与工作区的通信插座连接,分为两种类型,一种是传统手工端接型,端接时需要专门的打线工具,制作起来比较复杂。另一种是免打压型,无须打线工具,端接时只需把双绞线线对,按照 T568A 或者 T568B 的线序标准卡入相应位置,用手轻扣即可。这种快捷免工具型设计,便于准确快速地完成端接,扣锁式端接帽确保导线部端接并防止滑动。芯针触点材料为 50pm 的镀金层,耐用性为 1500 次插拔。

优质合格的网络信息模块的打线柱外壳材料常采用聚碳酸酯,IDC 打线柱夹子为磷青铜。适用于 22AWG、24AWG 及 26AWG(0.64mm、0.5mm 及 0.4mm)缆线,耐用性为 350 次插拔。在 100MHz 下测试传输性能:近端串扰为 44.5dB、衰减为 0.17dB、回波损耗为 30.0dB,平均为 46.3dB。

常见网络信息模块如图 3-23 所示。

图 3-23   网络信息模块

3.2.7   面板与底盒

1. 面板

　　面板是综合布线系统中工作区支撑和保护信息模块的装置,工程中常用的面板分为单口面板和双口面板,包括国标 86 型和 120 型,分别如图 3-24 和图 3-25 所示。根据模块种类还可分为光纤面板和网线面板,光纤面板如图 3-26 所示。根据插口种类可分为平面插口、斜口插口;根据固定方式可分为固定式面板和模块化面板等。面板表面一般带嵌入式图标及标签位置,便于识别数据和语音端口,配有防尘滑门用以保护模块、遮蔽灰尘和污物。

图 3-24   86 型面板

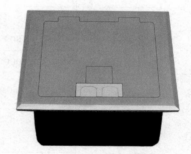

图 3-25   120 型面板

图 3-26   一位 SC 与两位 SC 光纤面板

　　常用面板种类包括英式、美式和欧式三种。国内普遍采用的是英式面板,为正方形 86mm×86mm 规格,即国标 86 型。86 型面板的宽度和长度均为 86mm,通常采用高强度塑料材料制成,适合安装在墙面,具有防尘功能。120 型面板的宽度和长度均为 120mm,通常采用铜等金属材料制成,适合安装在地面,具有防尘、防水功能。

2. 底盒

常用底盒(安装盒)分为明装底盒和暗装底盒。明装底盒通常采用高强度 PVC 塑料材料制成,安全阻燃,如图 3-27 所示;暗装底盒使用塑料材料或金属材料制成,如图 3-28 和图 3-29所示;光纤底盒如图 3-30 所示。

图 3-27　明装底盒

图 3-28　塑料暗装底盒

图 3-29　金属暗装底盒

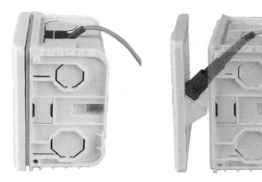

图 3-30　一位 SC 光纤底盒

3.2.8　线缆整理

线缆整理工具包括理线器、理线架、理线环等,如图 3-31～图 3-33 所示。理线器一般应用在机房,安装于机柜内,用于整理和固定线缆,保持线缆井然有序,布线环境整洁美观。理线架可安装于机架的前端,提供配线或设备用跳线的水平方向线缆管理;理线架安装时要根据线缆走向,顺其自然地进行理线,形成易维护的系统。整理单根或少量线缆时,多采用理线环,理线环一般采用塑料材质,使用螺丝安装固定在机柜立柱上。

图 3-31　理线器

图 3-32　理线架

图 3-33　理线环

3.2.9 管槽施工工具

综合布线管槽施工工具包括电工工具箱、线盘、五金工具(线槽剪、台虎钳、梯子等)、电动工具等,详细工具名称与用途如表 3-15 所示。

表 3-15 常用管槽施工工具

工具名称		功 能 用 途	工 具 图 片
电工工具箱		包括钢丝钳、尖嘴钳、斜口钳、剥线钳、一字螺丝批、十字螺丝批、测电笔、电工刀、电工胶带、活扳手、呆扳手、卷尺、铁锤、凿子、斜口凿、钢锉、钢锯、电工皮带、工作手套等,也包括水泥钉、木螺丝、自攻螺丝、塑料膨胀管、金属膨胀栓等小材料	
线盘		在施工现场特别是室外施工现场,由于施工范围广,不可能随地都能取到电源,因此要用长距离的电源线盘接电,线盘长度有 20m、30m、50m 等型号	
五金工具	线槽剪	线槽剪是 PVC 线槽专用剪,剪出的端口整齐美观	
	台虎钳	台虎钳是中小工件的锯割、凿削、锉削时的常用夹持工具之一。顺时针摇动手柄,钳口就会将工件(如钢管)夹紧;反时针摇动手柄,就会松开工作。做Ⅱ形横担锯割角钢,可用台虎钳夹持角钢。锯割时,握锯弓氢手的右手施力,左手压力不要过大(主要是扶正锯架)。较厚的工件(如圆钢、工字钢)一般采用远起锯。起锯角不宜超过 15°	
	梯子	安装管槽及进行布线拉线工序时,常常需要登高作业。常用的梯子有直梯和人字梯两种。直梯多用于户外登高作业,如搭在电杆上和墙上安装室外光缆;后者通常用于户内登高作业,如安装管槽、布线拉线等。直梯和人字梯在使用之前,宜将梯脚绑缚橡皮之类的防滑材料,人字梯还应在两页梯之间绑扎一道防自动滑开的安全绳	
	管子台虎钳	管子台虎钳又名龙门钳,是切割钢管、PVC 塑料管等管形材料的夹持工具,管子台虎钳的钳座固定在三脚铁板工作台上。扳开钳扣,将龙门架向右扳,便可把管子放置在钳口之中;再将龙门架扶正,钳扣即自动落下扣牢。旋转手柄,可把管子牢牢夹住	

续表

工具名称		功能用途	工具图片
五金工具	管子切割器	在钢管布线的施工中,常用管子切割器切割钢管、电线管。管子切割器又称管子割刀。切割钢管时,先将钢管固定在管子台虎钳上,再把管子切割器的刀片调节到刚好卡在要切的部位,操作者立于三脚铁板工作台的右前方,用手操作管子割刀手柄,按顺时针方向旋割,旋一圈,旋动割刀手柄使刀片向管壁切下一些,可把钢管整齐切割下来。在快要割断时,须用手扶住待断段,以防断管落地砸伤脚趾	
	管子钳	管子钳又称管钳,是用来安装钢管布线的工具,用它来装卸电线管上的管箍、锁紧螺母、管子活接头、防爆活接头等。常用的管子钳规格有 200mm、250mm 和 350mm 等多种	
	螺纹铰板	螺纹铰板又名管螺纹铰板,简称铰板。常见型号有 GJB-60、WGJB-114W。螺纹铰板是铰制钢管外螺纹的手动工具,是重要的管道工具之一	
	简易弯管器	弯管器简单易作,自制自用,十分灵巧。一般用于 25mm 以下的管子弯管	
	扳曲器	直径稍大的(大于 25mm)电线管或小于 25mm 的厚壁钢管,可采用扳曲器来弯管	
电动工具	充电起子	充电起子是综合布线工程安装中经常使用的一种电动工具,它既可当螺丝刀又能用作电钻,由于以充电电池为电源,无须电源线,所以在任何场合都能工作。单手操作,具有正反转快速变换按钮,使用灵活方便;强大的纽力,配合各式通用的六角工具头可以拆卸及锁入螺丝,钻洞等;取代传统起子,拆卸锁入螺丝完全不费力,可极大提高工作效率	
	手电钻	手电钻既能在金属型材上钻孔,也适用于在木材、塑料上钻孔,在布线系统安装中是经常用到的工具。手电钻由电动机、电源开关、电缆、钻孔头等组成。用钻头钥匙开启钻头锁,使钻夹头扩开或拧紧,使钻头松出或固牢	
	冲击电钻	冲击电钻简称冲击钻,是一种旋转带冲击的特殊用途的手提式电动工具。冲击电钻为双重绝缘,安全可靠,由电动机、减速箱、冲击头、辅助手柄、开关、电源线、插头及钻头夹等组成。当需要在混凝土、预制板、瓷面砖、砖墙等建筑材料上进行钻孔、打洞时,只需把"锤钻调节开关"拔到标记"锤"的位置上,在钻头上安装电锤钻头,又名硬质合金头,便能产生既旋转又冲击的动作,在需要的部位进行钻孔;当需要在金属等韧性材料上进行钻孔加工时,只要将"锤钻调节开关"拔到标有"钻"的位置上,即可产生纯转动,换上普通麻花钻头,电转纯转动,便可像手电钻一样使用	

工具名称		功 能 用 途	工 具 图 片
电动工具	电锤	电锤是以单相串激电动机为动力,适用于在混凝土、岩石、砖石砌体等脆性材料上钻孔、开槽、凿毛等作业。电锤钻孔速度快,成孔精度高,它与冲击电钻从功能上看有相似的地方,但在外形与结构上两者有很多区别	
	电镐	电镐采用精确的重型电锤机械结构,具有极强的混凝土铲凿功能,比电锤功率大,更具冲击力和震动力,减震控制使操作更加安全,并具有生产效能可调控的冲击能量,适合多种材料条件下的施工。	
	射钉器(射钉枪)	射钉器又名射钉枪,它是利用射钉器发射钉弹,使弹内火药燃烧释放出推动力,将专用的射钉直接钉入钢板、混凝土、砖墙或岩石基体中,从而把需要固定的钢板卡子、塑料卡子、PVC槽板、钢制或塑制挂历墙机柜或布线箱永久或临时地固定好。操作时,将射钉和射钉弹装入射钉器内,对准被固件和基体,解除保险,扣动扳机,击发射钉弹,火药气体推动钉子穿过被固件进入基体,从而达到固定的目的	
	曲线锯	在现场施工中,曲线锯主要用于锯割直线和特殊的曲线切口,能锯割木材、PVC和金属等材料。曲线锯重量轻,减少疲劳,小巧型的设计,易于在紧凑空间操作;可调速,低速启动易于切割控制,防震手柄,方便把持	
	角磨机	当金属槽、管切割后会留下锯齿形的毛边,容易刺穿线缆的外套,可用角磨机将切割口磨平保护线缆。角磨机同时也能当切割机用	
	型材切割机	在布线管槽的安装中,常常需要加工角铁横担、割断管材。型材切割机具有切割快,省力的特点。型材切割机由砂轮锯片、护罩,操纵手把、电动机、工件夹、工件夹调节手轮及底座、胶轮等组装而成,电动机一般是三相交流电动机	
	台钻	桥架等材料切割后,用台钻钻上新的孔,与其他桥架连接安装	

3.2.10　综合布线实训工具箱

在职业院校日常综合布线系统教学与实训活动中,以及各类信息网络布线技能大赛中,经常使用综合布线铜缆实训工具箱,工具箱一般包括实训需要用到的多种常用工具,如网络压线钳、110 型网络打线器、线管剪、尖嘴钳、弯管器、钢锯、卷尺等,如图 3-34 和图 3-35 所示。此外还有光纤实训工具、光纤冷接工具箱等。

图 3-34　综合布线实训工具箱

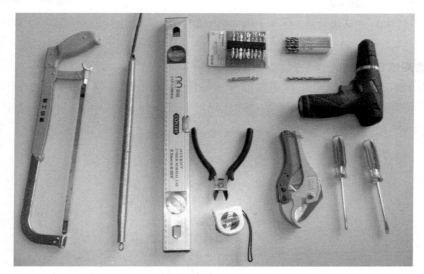

图 3-35　综合布线实训工具箱内部分工具

3.2.11　布线系统验收测试仪器

综合布线系统验收测试仪器根据测试级别可分为验证测试工具、认证测试仪器、其他测试仪器等类型,根据线缆类型还可分为电缆与光纤测试仪器。

1. 验证测试工具

常用的验证测试工具包括简易网线测试仪、工程宝、激光笔等,如图 3-36～图 3-38 所示。

图 3-36　简易网线测试仪　　　　　图 3-37　工程宝　　　　　图 3-38　激光笔

2. 认证测试仪器

常用的认证测试仪器如 Fluke dsx2 5000/8000 线缆测试仪、光功率计、光时域反射仪（OTDR）等，如图 3-39～图 3-41 所示。

图 3-39　Fluke 测试仪

图 3-40　光功率计

图 3-41　OTDR

3. 其他测试仪器

其他为了施工方便、教学实训等专门开发的仪器，如清华易训 Cable 300/500 铜缆测试仪、Cable 800/900 光纤性能测试仪等，如图 3-42 和图 3-43 所示。

图 3-42　清华易训 E-Training Cable 300 线缆实训仪铜缆跳线测试仪

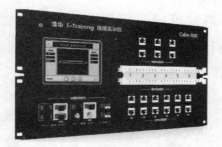

图 3-43　清华易训 E-Training Cable 800 光纤实训测试仪器

3.2.12　其他安装材料

综合布线系统安装材料还包括：线缆保护产品（螺旋套管、蛇皮套管、黄蜡管和金属边护套等）、线管固定和连接部件（管卡、管箍、弯管接头、软管接头、接线盒等）、线缆固定部件（钢钉线卡等）以及钢钉、螺丝、膨胀螺栓等材料。

第 **4** 章

综合布线系统的设计、施工与管理

综合布线系统设计工作涉及设计依据、用户要求、系统设计类型、各子系统设计原则、外线条件、施工做法、电气防护及接地要求和线缆防火的要求等诸多内容,重点是各个子系统缆线的选择、布线路由方式的确定,对设计者的专业技术要求较高。

4.1 综合布线系统设计

关于综合布线系统设计标准,最新国家标准《综合布线系统工程设计规范》(GB 50311—2016)指出:综合布线系统应是开放式结构,应能支持语音、数据、图像、多媒体等业务信息传递的应用,支持电话及多种计算机数据系统,还应能满足会议电视、弱电系统等系统的需要。

国家标准《综合布线系统工程设计规范》(GB 50311—2016)将综合系统划分为 6 个子系统:工作区子系统、配线子系统、干线子系统、建筑群子系统、入口设施和管理系统。为了阐述方便和兼顾以前的划分习惯,本书将综合系统分为 7 个子系统:工作区子系统、水平子系统(配线子系统)、垂直子系统(干线子系统)、设备间子系统(设备间)、管理间子系统(电信间)、建筑群子系统(楼宇建筑群子系统)、进线间子系统。综合布线系统基本构成如图 4-1 所示,综合布线子系统构成如图 4-2 和图 4-3 所示。

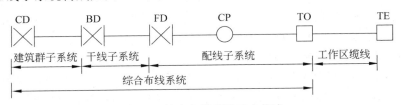

图 4-1 综合布线系统基本构成

工作区子系统由终端设备连接到信息插座的连线(软线)组成,包括装配软线、连接器和连接所需的扩展软线,并在终端设备和输入/输出(I/O)之间搭接,相当于电话配线系统中连接话机的用户线及话机终端部分。在智能楼宇布线系统中,工作区用术语服务区(coverage area)替代,通常服务区大于工作区。

水平子系统(配线子系统)将干线子系统线路延伸到用户工作区,相当于电话配线系统中配线电缆或连接到用户线缆部分。

垂直子系统(干线子系统)提供建筑物的干线电缆路由。该子系统由布线电缆组成,或者由电缆和光缆以及将此干线连接到相关的支撑硬件组合而成,相当于电话配线系统中干

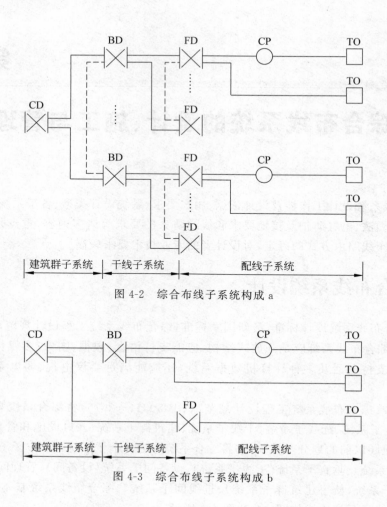

图 4-2　综合布线子系统构成 a

图 4-3　综合布线子系统构成 b

线电缆。

　　设备间子系统是建筑群(物)综合布线系统中,设置通信设备和计算机网络设备以及建筑群(物)配线接续设备(CD/BD)进行网络管理和信息交换的区域。因此设备间是安装各种设备的房间,主要是安装配线接续设备。

　　管理间子系统(电信间)把中继线交叉连接处和布线交叉连接处连接到公用系统设备上。由设备间的电缆、连接器和相关支撑硬件组成,它把公用系统设备的各种不同设备互连起来,相当于电配线系统中的站内配线设备及电缆、导线连接部分。管理间子系统由交叉连接、互连和输入/输出(I/O)组成,为连接其他子系统提供连接手段,相当于电话配线系统中每层配线箱或电话分线盒部分。

　　建筑群子系统(楼宇建筑群子系统)由一个建筑物中的电缆延伸到建筑群的另外一些建筑物中的通信设备和装置上,它提供楼群之间通信设施所需的硬件,包括各类电缆光缆和防止电缆的浪涌电压进入建筑物的电气保护设备等。

　　进线间子系统(进线间)是建筑物外部通信和信息管线的入口部位。建筑群主干电缆和光缆、公用网和专用网电缆、天线馈线等室外缆线进入建筑物时,应在进线间转换成室内电缆、光缆。进线间转换的缆线类型与容量应与配线设备相一致。

国家规范与传统定义的综合布线子系统对比如图 4-4 所示。

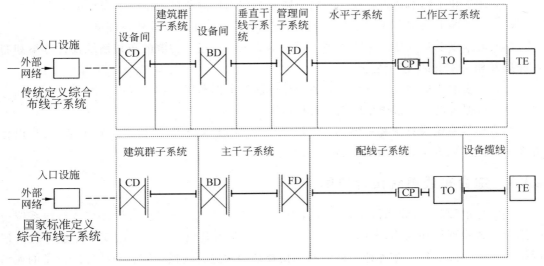

图 4-4　国家规范与传统定义综合布线子系统对比表

4.1.1　综合布线系统设计等级

（1）基本型设计等级，适用于建筑物配置标准较低的场所。

（2）增强型设计等级，适用于建筑物配置中等标准的场所。

（3）综合型设计等级，适用于建筑物配置标准较高的场所。

综合布线系统可分为三个不同的设计等级：

（1）基本型设计等级；

（2）增强型设计等级；

（3）综合型设计等级。

基本型设计等级，适用于建筑物配置标准较低的场所。基本型综合布线系统是一个经济的布线方案，仅支持语音或综合语音/数据产品，便于维护人员维护、管理。

增强型设计等级，适用于建筑物配置中等标准的场所。增强型综合布线系统除了支持语音和数据应用之外，还支持图像、影像、影视和视频会议等应用，每个工作区有两个信息插座，灵活方便、功能齐全。

综合型设计等级，适用于建筑物配置标准较高的场所。综合型综合布线系统包括双绞线和光缆两种传输介质，每个工作区有两个以上的信息插座，每个插座均可以提供语音和高速数据传输，相比增强型综合布线系统，功能更为全面强大。

4.1.2　综合布线系统设计步骤

对于一个综合布线系统工程项目，设计人员应认真、详细了解此工程项目的具体要求和实施目标，并根据综合布线系统的国家标准，确定项目设计等级和设计方案。综合布线系统的设计一般包括以下步骤。

（1）评估和了解本建筑物或建筑物群内办公室用户的通信需求。

（2）评估和了解本建筑物或建筑物群物业管理用户对弱电系统设备布线的要求。

（3）了解弱电系统布线的水平与垂直通道、各设备机房位置等建筑环境。

（4）根据以上几点情况来决定采用适合本建筑物或建筑物群的布线系统设计方案和布线介质及相关配套的支撑硬件。

（5）完成本建筑物或建筑物群中各个楼层面的平面布置图和系统图。

（6）根据所设计的布线系统编制材料清单。

综合布线系统设计流程一般为：用户需求分析、技术交流、研读建筑物图纸、初步设计方案、工程概算、方案确认、正式设计、工程预算。

4.1.3　综合布线系统设计原则

国家标准《综合布线系统工程设计规范》（GB 50311—2016）规定，设计综合布线系统应采用开放式星型拓扑结构，该结构下的每个子系统都相对独立。只要改变节点连接就可使网络在星型、总线、环型等各种类型的网络拓扑结构间进行转换。综合布线配线设备的典型设置与功能组合如图 4-5 所示。当设计由多个建筑物构成的配线系统时，为了使布线系统安全正常工作，需要对布线路由进行有冗余的设计。不同建筑物内的建筑物配线设备（BD）与建筑物配线设备（BD）之间、本建筑物的建筑物配线设备（BD）与另一建筑物楼层配线设备（FD）之间、同一建筑物内的楼层配线设备（FD）与楼层配线设备（FD）之间可设置直通的路由。

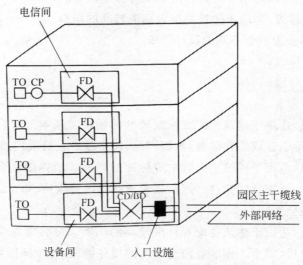

图 4-5　综合布线配线设备典型设置

进线间是建筑物外部通信和信息管线的入口部位，设置比较复杂。进线间主要作为多家电信业务经营者和建筑物布线系统安装入口设施共同使用，并满足室外电、光缆引入楼内成端与分支及光缆的盘长空间的需要。由于光纤到大楼（FTTB）、光纤到用户（FTTH）、光纤到办公室（FTTO）的广泛应用使得光纤的容量日益增多，进线间从而显得尤为重要。同时,进线间的环境条件应符合入口设施的安装工艺要求。在建筑物不具备设置单独进线间或引入建筑内的电、光缆数量容量较小时,也可以在缆线引入建筑物内的部位采用电缆沟或使用较小的空间完成缆线的成端与盘长,入口设施(配线设备)则可安装在设备间,但多家电信业务经营者的入口设施(配线设备)宜设置单独的场地,以便功能分区,综合布线系统引入部分如图 4-6 所示。

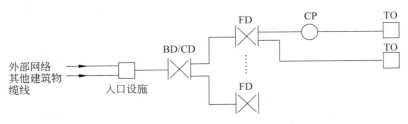

图 4-6 综合布线系统引入部分构成

建筑物内如果包括数据中心,需要分别设置独立使用的进线间。典型综合布线系统设计如图 4-7 所示。

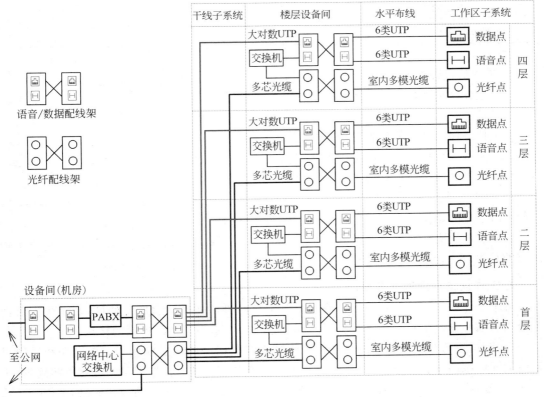

图 4-7 典型综合布线系统设计

4.2　工作区子系统设计与施工

4.2.1　工作区子系统设计要点

工作区子系统由终端设备连接到信息插座的跳线组成。它包括信息插座、信息模块、网卡和连接所需的跳线,并在终端设备和输入/输出(I/O)之间搭接,相当于电话配线系统中连接话机的用户线及话机终端部分。终端设备可以是计算机、笔记本电脑、电话和数据终端,也可以是绘图仪、打印机或扫描仪、摄像机等。在智能楼宇布线系统中,工作区用术语服务区(coverage area)替代,通常服务区大于工作区,工作区面积划分如表4-1所示。

表 4-1　工作区面积划分表

建筑物类型及功能	工作区面积/m²
网管中心、呼叫中心、信息中心等座席(终端设备)较为密集的场地	3～5
办公区	5～10
会议、会展	10～60
商场、生产机房、娱乐场所	20～60
体育场馆、候机室、公共设施区	20～100
工业生产区	60～200

1. 工作区设计注意事项

(1)工作区内线槽布置合理、美观。

(2)信息插座要设计在距离地面30cm以上。

(3)信息座与计算机设备的距离保持在5m范围内。

(4)网卡类型接口要与线缆类型接口保持一致。

(5)工作区所需的信息模块、信息座、面板的数量要准确。

(6)RJ 45接头所需的数量 $m=n\times4+n\times4\times15\%$,其中,$m$表示RJ 45的总需求量,$n$表示信息点的总量,$n\times4\times15\%$表示留有的富余量。

(7)信息模块的需求量一般为 $m=n+n\times3\%$,m表示信息模块的总需求量,n表示信息点的总量,$n\times3\%$表示富余量。

2. 工作区信息插座连接要求

每个工作区至少要配置一个插座盒。对于难以再增加插座盒的工作区,要至少安装两个分离的插座盒。信息插座是计算机终端(工作站)与水平子系统连接的接口。

设计时,每对线电缆都必须终接在工作区中8脚(针)的信息模块上。综合布线系统可采用不同厂家的信息插座和信息模块,只要这些产品符合国家标准即可。在计算机终端(工作站)设备,将带有8针的RJ 45插头跳线插入网卡;在信息插座一端,此跳线的RJ 45头连接到信息插座(信息面板)上。8针模块化信息输入/输出(I/O)插座是所有综合布线系统推荐的标准I/O插座,它的8针结构为单一I/O配置提供了支持数据、语音、图像或三者的组合所需的灵活性。

为了允许在交叉连接外进行线路管理,不同服务用的信号出现在规定的导线对上。为此,8针引线 I/O 插座已在内部接好线。8针插座将工作站一侧的特定引线(工作区布线)接到建筑物布线电缆(水平布线)上的特定双绞线对上。

对于模拟式语音终端,行业的标准做法是将触点信号和振铃信号置入工作站软线(4 对软线的引针 4 和 5)的两个中央导体上。剩余的引针分配给数据信号和配件的远地电源线使用。引针 1、2、3 和 6 传送数据信号,并与 4 对电缆中的线对 2 和 3 相连。引针 7 和 8 直接连通,并留作配件电源之用。未确定用户需求时,建议在每个工作区安装两个 I/O,以便于在设备间或配线间的交叉连接场区灵活配置,方便管理。

虽然适配器和其他设备可用在一种允许安排公共接口的 I/O 环境之中,但在做出设计承诺之前,必须仔细考虑将要集成的设备类型和传输信号类型,主要有如下 3 个因素。

(1) 每种设计方案在经济、性能上的最佳平衡。

(2) 系统管理的一些比较难以预料的因素。

(3) 在布线系统寿命期间移动和重新布置所产生的影响。

根据工作区间情况,信息插座安装形式主要有以下 3 种。

(1) 信息插座安装在墙上:此方法根据国家规范要求的高度,沿着墙面每隔一定距离均匀地安装 RJ 45 信息插座。

(2) 信息插座安装在办公区间隔板上:当办公区间是用间隔板隔离时,这种方法方便快捷,而且成本相对较低。

(3) 信息插座安装在地面上:在没有条件将信息插座安装在墙面时,需要将信息插座安装在地面上。这种安装方式要求地面的底盒一般为铜合金材质,而且密封防水。这种安装方式造价很高,而且灵活性不够,只在无法实现上面两种安装方式时选择。

3. 工作区子系统适配器设计原则

(1) 在设备连接器处采用不同信息插座的连接器时,可以用专用接插电缆或适配器。

(2) 当在单一信息插座上进行两项服务时,应用 Y 型适配器。

(3) 在水平(配线)子系统中选用的电缆类别(介质)不同于设备所需的电缆类别(介质)时,应采用适配器。

(4) 在连接使用不同信号的数模转换、光电转换或数据速率转换等相应的装置时,应采用适配器。

(5) 为了不同网络规程的兼容性,可采用协议转换适配器。

(6) 根据工作区内不同的应用终端设备(如 ADSL 终端),可配备相应的终端适配器。

(7) 不同的终端设备或适配器均应安装在工作区的适当位置,并应考虑现场的电源与接地。

4.2.2　工作区子系统施工工艺

工作区的施工内容主要包括双绞线和光纤信息插座的安装、信息模块的端接等,施工工艺要求如下。

1. 工作区信息插座的安装要求

(1) 在地面上的信息插座盒应满足防水和抗压要求。

(2) 环境中的信息插座可带有保护壳体。

（3）暗装或明装在墙体或柱子上的信息插座盒底距地高度宜为300mm。

（4）安装在工作台侧隔板面及临近墙面上的信息插座盒底距地宜为1.0m。

（5）信息插座模块宜采用标准86系列面板安装，安装光纤模块的底盒深度不应小于60mm。

2. 工作区的电源要求

（1）每个工作区宜配置不少于2个单相交流220V/10A电源插座盒。

（2）电源插保护接地的单相电源插座。

（3）工作电源插座宜嵌墙暗装，高度应与信息插座一致。

（4）CP集合点箱体、多用户信息插座箱体宜安装在导管的引入侧、便于维护的柱子、承重墙上等处，箱体底边距地高度宜为500mm，当在墙体、柱子的上部或吊顶内安装时，距地高度不宜小于1800mm。

（5）每个用户单元信息配线箱附近水平70～150mm处宜预留设置2个单相交流220V/10A电源插座，每个电源插座的配电线路均应装设保护电器，电源插座宜嵌墙暗装，底部距地高度应与信息配线箱一致，用户单元信息配线箱内应引入单相交流220V电源。

4.3　水平子系统设计与施工

4.3.1　水平子系统设计要点

按照最新国家标准《综合布线系统工程设计规范》（GB 50311—2016）规定，水平子系统属于配线子系统。配线子系统将干线子系统线路延伸到用户工作区，相当于电话配线系统中配线电缆或连接到用户线缆部分。配线子系统信道的最大长度不应大于100m，水平电缆最大长度不大于90m，水平子系统缆线划分如图4-8所示。

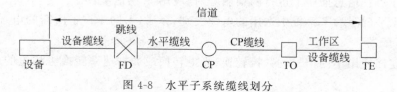

图4-8　水平子系统缆线划分

配线架跳接至交换设备、信息模块跳接至计算机等终端设备的跳线总长度不超过10m，在信息点比较集中的区域，如一些较大的房间，可以在楼层配线架与信息插座之间设置转接点（TP、最多转接一次），这种转接点到楼层配线架的电缆长度不能过短（至少15m）。

1. 水平子系统设计注意事项

（1）每一个工作区信息插座模块数量不宜少于2个，并应满足各种业务的需求。

（2）底盒数量应由插座盒面板设置的开口数确定，并应符合下列规定。

- 每一个底盒支持安装的信息点（RJ 45模块或光纤适配器）数量不宜大于2个。
- 光纤信息插座模块安装的底盒大小与深度应充分考虑到水平光缆（2芯或4芯）终接处的光缆预留长度的盘留空间和满足光缆对弯曲半径的要求。
- 信息插座底盒不应作为过线盒使用。

- 从电信间至每一个工作区的水平光缆宜按 2 芯光缆配置。至用户群或大客户使用的工作区域时,备份光纤芯数不应小于 2 芯,水平光缆宜按 4 芯或 2 根 2 芯光缆配置。
- 连接至电信间的每一根水平缆线均应终接于 FD 处相应的配线模块,配线模块与缆线容量相适应。
- 电信间 FD 主干侧各类配线模块应根据主干缆线所需容量要求、管理方式及模块类型和规格进行配置。
- 电信间 FD 采用的设备缆线和各类跳线宜根据计算机网络设备的使用端口容量和电话交换系统的实装容量、业务的实际需求或信息点总数的比例进行配置,比例范围宜为 25 %～50%。

（3）工作区的信息插座模块应支持不同的终端设备接入,每一个 8 位模块通用插座应连接 1 根 4 对对绞电缆;每一个双工或 2 个单工光纤连接器件及适配器应连接 1 根 2 芯光缆。

2. 水平子系统设计步骤

（1）确定路由和布线方法。

（2）确定线缆的类型。

（3）确定线缆的长度。

水平子系统电话交换配线与计算机网络配线连接方式如图 4-9 和图 4-10 所示。

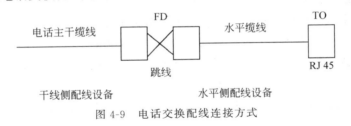

图 4-9　电话交换配线连接方式

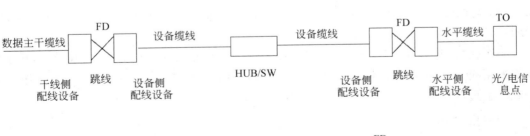

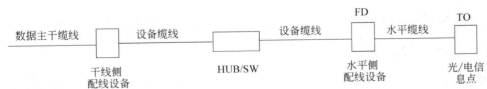

图 4-10　计算机网络配线连接方式

水平子系统中,在水平布线通道内,电信电缆与分支电源电缆需注意以下几方面。

（1）屏蔽的电源导体（电缆）与电信电缆并线时不需要分隔。

（2）可以用电源管道障碍（金属或非金属）来分隔电信电缆与电源电缆。

（3）对于非屏蔽的电源电缆，最小距离为 10cm。

（4）在工作站的信息口或间隔点，电信电缆与电源电缆的距离最小应为 6cm。

（5）确定配线与干线接合配线管理设备。

（6）打吊杆走线槽时吊杆需求量计算。打吊杆走线槽时，一般是间距 1m 左右打一对吊杆。吊杆的总量应为水平干线的长度（m）×2（根）。

（7）托架需求量计算。使用托架走线槽时，一般是 1～1.5m 安装一个托架，托架的需求量应根据水平干线的实际长度去计算。

托架应根据线槽走向的实际情况来选定，一般有两种情况，一是水平线槽不贴墙，则需要定购托架；二是水平线贴墙走，则可购买角钢的自做托架。

3. 水平子系统线缆选择

在水平子系统中，常用的线缆有以下 4 种。

（1）100Ω 非屏蔽双绞线（UTP）电缆。

（2）100Ω 屏蔽双绞线（STP）电缆。

（3）50Ω 同轴电缆。

（4）62.5/125mm 多模光纤（光缆）。

水平子系统布线电缆长度估算方法如下。

（1）确定布线方法和走向。

（2）确立每个楼层配线间或二级交接间所要服务的区域。

（3）确认离楼层配线间距离最远的信息插座（I/O）位置。

（4）确认离楼层配线间距离最近的信息插座（I/O）位置。

（5）用平均电缆长度估算每根电缆长度。

（6）平均电缆长度＝（信息插座至配线间的最远距离＋信息插座至配线间的最近距离）/2。

（7）总电缆长度＝平均电缆长度＋备用部分（平均电缆长度的 10%）＋端接容差 6m（变量）。

每个楼层用线量（单位：m）的计算公式为：$C = [0.55(L+S)+6] \times n$，其中 C 为每个楼层的用线量，L 为服务区域内信息插座至配线间的最远距离，S 为服务区域内信息插座至配线间的最近距离，n 为每层楼的信息插座（I/O）的数量。

整座楼的用线量：$W = \sum MC$（M 为楼层数）。

（8）电缆总量（每箱按 305 米计算），电缆订购数＝$W/305$ 箱（不够一箱时按一箱计）。

4.3.2 水平子系统施工要点

水平子系统施工是综合布线系统施工中工程量最大的部分，包括各类缆线的敷设、各类线管、线槽、桥架等材料的安装。

水平子系统线缆敷设方式包括：内部布线法、地板布线法、桥架布线法，分别如图 4-11～图 4-13 所示。

图 4-11　水平子系统内部布线法

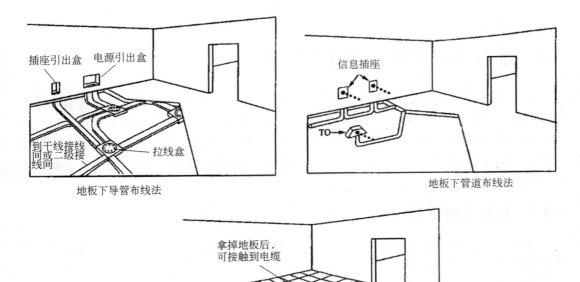

图 4-12　水平子系统地板布线法

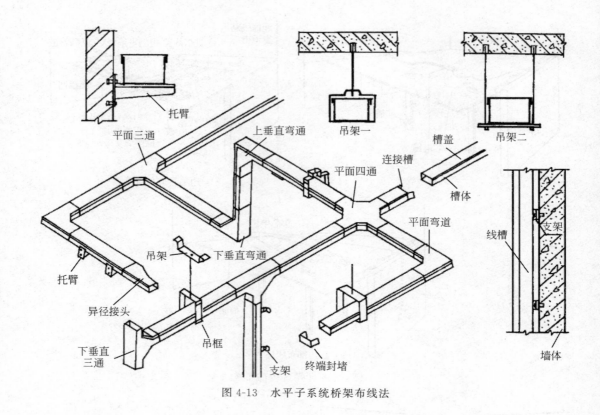

图 4-13　水平子系统桥架布线法

4.4　垂直干线子系统设计与施工

　　垂直干线子系统是综合布线系统中的关键组成部分,垂直干线子系统提供建筑物的干线电缆路由,由设备间子系统与管理间子系统的缆线组成。该子系统由布线电缆(双绞线、大对数电缆等)组成,或由电缆和光缆以及将此干线连接到相关的支撑硬件组合而成。垂直干线子系统是建筑物内综合布线的主干缆线,是楼层管理间与设备间之间的垂直布放缆线的统称。

4.4.1　垂直干线子系统设计要点

　　垂直干线子系统设计涉及线缆类型与线对的选择、布线系统路由选择、缆线容量配置和敷设保护方式、敷设通道规模等,具体包括以下内容。

　　(1) 确定每层楼的干线要求。

　　(2) 确定整座楼的干线要求。

　　(3) 确定从楼层到设备间的干线电缆路由。

　　(4) 确定干线接线间的接合方法。

　　(5) 选定干线电缆的长度。

　　(6) 确定敷设附加横向电缆时的支撑结构。

　　国家标准《综合布线系统工程设计规范》(GB 50311—2016)要求垂直干线子系统设计

注意以下几个方面。

（1）干线子系统应由设备间的建筑物配线设备（BD）和跳线以及设备间至各楼层交接间的干线电缆组成。

（2）干线子系统所需要的对绞电缆根数、大对数电缆总对数及光缆光纤总芯数，应满足工程的实际需求与缆线的规格，并应留有备份容量。

（3）干线子系统应选择干线电缆较短，安全和经济的路由，且宜选择带门的封闭型综合布线专用的通道敷设干线电缆，也可与弱电竖井合用。

（4）干线电缆宜采用点对点端接，也可采用分支递减端接。

（5）如果设备间与计算机机房和交换机房处于不同的地点，而且需要将话音电缆连至交换机房，数据电缆连至计算机机房，则宜在设计中选取不同的干线电缆或干线电缆的不同部分来分别满足话音和数据的需要。当需要时，也可采用光缆系统予以满足。

（6）缆线不应布放在电梯、供水、供气、供暖、强电等竖井中。

4.4.2　垂直干线子系统设计要领

1. 干线子系统规模

干线子系统线缆是建筑物内的主馈电缆。在大型建筑物内，都有开放型通道和弱电间。开放型通道通常是从建筑物的最底层到楼顶的一个开放空间，中间没有隔板如通风或电梯通道。弱电间是一连串上下对齐的小房间，每层楼都有一间。在这些房间的地板上，预留圆孔或方孔，或靠墙安放桥架。在综合布线系统中，把方孔称为电缆井，把圆孔称为有电缆的电缆孔。干线子系统通道就是由一连串弱电间地板垂直对准的电缆孔或电缆井组成。弱电间的每层封闭型房间作楼层配线间。确定干线通道和配线间的数目时，主要从服务的可用楼层空间来考虑。如果在给定楼层所要服务的所有终端设备都在配线间 75m 范围之内，可采用单干线系统，凡不符合这一要求的，则要采用双通道干线子系统，或者采用经分支电缆与楼层配线间相连接的二级交接间。

2. 确定每层楼的干线

在确定每层楼的干线线缆类别和数量要求时，应当根据水平子系统所有的语音、数据图像等信息插座需求进行推算。

3. 确定整座建筑物的干线

整座建筑物的干线子系统信道的数量由每层楼布线密度确定。一般每 $10m^2$ 设一个电缆孔或电缆井较为适合。如果布线密度很高，可适当增加干线子系统的信道。整座建筑物的干线线缆类别、数量与综合布线设计等级和水平子系统的线缆数量有关。在确定了各楼层干线的规模后，将所有楼层的干线分类相加，就可确定整座建筑物的干线线缆类别和数量。

4. 确定楼层配线间至设备间的干线路由

建筑物垂直干线布线通道可采用电缆孔、电缆井或电缆桥架三种方法。

（1）电缆孔方法：干线信道中所用的电缆孔是很短的管道，通常采用一根或数根直径为 10cm 的钢管。它们嵌在混凝土地板中，在浇注混凝土地板时嵌入，比地板表面高出 2.5～10cm 即可。也可直接在地板中预留一个大小适当的孔洞。电缆往往捆在钢绳上，而钢绳又固定到已铆好的金属条上。当楼层配线间上下都对齐时,一般采用电缆孔方法。

（2）电缆井方法：电缆井方法是指在每层楼板上开出一些方孔,使电缆可以穿过这些电井从这层楼伸到相邻的楼层。与电缆孔方法一样,电缆也是捆在或箍在支撑用的钢绳上,钢绳靠墙上的金属条或地板三脚架固定。离电缆很近的墙上立式金属架可以支撑多根电缆。电缆井的选择非常灵活,可以让粗细不同的各种电缆经任何组合方式通过。

（3）电缆桥架方法：电缆桥架法是指利用弱电竖井的电缆井孔先安放弱电桥架,然后将线缆固定在桥架上,操作简便。对高层智能建筑而言,一般都设有专用弱电竖井间及垂直桥架。一般在安放时主要考虑归类放置即可,同时在布放完成后要适当固定线缆。

4.4.3 垂直干线子系统施工

垂直干线子系统施工过程中,在敷设电缆时,对不同的介质电缆要区别对待。

1. 光纤电缆

（1）光纤电缆敷设时不应该绞结。

（2）光纤电缆在室内布线时要走线槽。

（3）光纤电缆在地下管道中穿过时要用 PVC 管。

（4）光纤电缆需要拐弯时,其曲率半径不能小于 30cm。

（5）光纤电缆的室外裸露部分要加铁管保护,铁管要固定牢固。

（6）光纤电缆不要拉得太紧或太松,并要有一定的膨胀收缩余量。

（7）光纤电缆埋地时,要加铁管保护。

2. 同轴粗电缆

（1）同轴粗电缆敷设时不应扭曲,要保持自然平直。

（2）粗缆在拐弯时,其弯角曲率半径不应小于 30cm。

（3）粗缆接头安装要牢靠。

（4）粗缆布线时必须走线槽。

（5）粗缆的两端必须加终接器,其中一端应接地。

（6）粗缆上连接的用户间隔必须在 2.5m 以上。

（7）粗缆室外部分的安装与光纤电缆室外部分安装相同。

3. 双绞线

（1）双绞线敷设时线要平直,走线槽,不要扭曲。

（2）双绞线的两端点要标号。

（3）双绞线的室外部要加套管,严禁搭接在树干上。

（4）双绞线不要拐硬弯。

4. 同轴细电缆

同轴细缆的敷设与同轴粗缆有以下几点不同。

（1）细缆弯曲半径不应小于 20cm。

（2）细缆上各站点距离不小于 0.5m。

（3）一般细缆长度为 183m,粗缆为 500m。

4.5　设备间子系统设计

　　设备间是建筑物综合布线系统的线路汇聚中心,各房间内信息插座经水平线缆连接,再经干线线缆最终汇聚连接至设备间。设备间还安装了各应用系统相关的管理设备,为建筑物各信息点用户提供各类服务,并管理各类服务的运行状况。

　　设备间是在每幢建筑物的适当地点进行网络管理和信息交换的场地。对于综合布线系统工程设计,设备间主要安装建筑物配线设备。电话交换机、计算机主机设备及入口设施也可与配线设备安装在一起。

4.5.1　设备间设计要求

　　(1)设备间位置应根据设备的数量、规模、网络构成等因素,综合考虑确定。

　　(2)如果电话交换机与计算机网络设备分别安装在不同的场地或考虑到安全需要,也可设置两个或两个以上设备间,以满足不同业务的设备安装需要。

　　(3)建筑物综合布线系统与外部配线网连接时,应遵循相应的接口标准要求。

　　(4)设备间的设计应符合下列规定:

- 设备间宜处于干线子系统的中间位置,并考虑主干缆线的传输距离与数量;
- 设备间宜尽可能靠近建筑物线缆竖井位置,有利于主干缆线的引入;
- 设备间的位置宜便于设备接地;
- 设备间应尽量远离高低压变配电、电机、射线、无线电发射等有干扰源存在的场地;
- 设备间室温应为 18~25℃,相对湿度应为 20%~80%,并应有良好的通风条件;
- 设备间内应有足够的设备安装空间,其使用面积不应小于 10m²,该面积不包括程控用户交换机、计算机网络设备等设施所需的面积在内;
- 设备间梁下净高不应小于 2.5m,采用外开双扇门,门宽不应小于 1.5m。

　　(5)设备间应防止有害气体(如氯、碳水化合物、硫化氢、氮氧化物、二氧化碳等)侵入,并应有良好的防尘措施,尘埃含量限值宜符合如表 4-2 所示的规定。

表 4-2　尘埃限值

尘埃颗粒的最大直径/μm	0.5	1	3	5
灰尘颗粒的最大浓度粒子数/m³	1.4×10^7	7×10^5	2.4×10^5	1.3×10^5

　　(6)在地震区的区域内,设备安装应按规定进行抗震加固。

　　(7)设备安装宜符合下列规定:

- 机架或机柜前面的净空不应小于 800mm,后面的净空不应小于 600mm;
- 壁挂式配线设备底部离地面的高度不宜小于 300mm。

　　(8)设备间应提供不少于两个 220V 带保护接地的单相电源插座,但不作为设备供电电源。

　　(9)设备间如果安装电信设备或其他信息网络设备时,设备供电应符合相应的设计要求。

4.5.2 设备间子系统设计要点

1. 设备间子系统的考虑因素

（1）设备间有服务器、交换机、路由器、稳压电源等设备。在高层建筑内，设备间可设置在 $2\sim n-1$ 层（n 为楼层总数），设备间应设在位于干线综合体的中间位置，尽可能靠近建筑物电缆引入区和网络接口，同时，还需在服务电梯附近，便于装运笨重设备。

（2）设备间内注意事项如下。

* 室内无尘土，通风良好，有较好的照明亮度安装符合机房规范的消防系统。
* 使用防火门，墙壁使用阻燃漆。
* 提供合适的门锁，至少有一个安全通道。

（3）防止可能的水害（如暴雨成灾、自来水管爆裂等）带来的灾害。

（4）防止易燃易爆物的接近和电磁场的干扰。

（5）设备间空间（从地面到天花板）应保持 2.5m 高度的无障碍空间，门高为 2.1m，宽为 1.5m，地板承重压力不能低于 $500 kg/m^2$。

设备间设计要素和原则，如表 4-3 所示。

表 4-3 设备间设计要素与原则

序号	设 计 要 素	设 计 原 则	设 计 步 骤
1	最低高度		
2	房间大小		
3	照明设施		
4	地板负重		
5	电气插座		
6	配电中心口	（1）最近与方便原则	（1）选择确定主布线场的硬件规模
7	管道位置	（2）主交接间面积、净高选取原则	
8	楼内气温控制	（3）接地原则	（2）选择确定中继场/辅助场
9	门的大小、方向与位置	（4）色标原则	
10	端接空间	（5）操作便利性原则	
11	接地要求		
12	备用电源		
13	保护设施		
14	消防设施		

注意：为预防雷击，设备间不宜设置在建筑物的四个边角上。

2. 设备间使用面积

设备间的主要设备有光纤、铜线电缆、跳线架、引线架、跳线、数字交换机、程控交换机等。目前，设备间的使用面积可以通过两种方法来确定，如表 4-4 所示。

表 4-4　设备间使用面积计算

公式	$S = K \sum S_i, i = 1, 2, \cdots, n$	$S = KA$
因式	S 为设备间使用的总面积,单位为 m^2	S 为设备间使用的总面积,单位为 m^2
	K 为系数,每一个设备预占的面积,根据设备大小来选择 K 的值,K 一般为 5、6、7	K 为系数,取 $(4.5 \sim 5.5)\mathrm{m}^2/$ 台(架)
	$\sum$ 为求和	A 为设备间所有设备的总数
	S_i 代表设备数量	
	i 为变量 $i = 1, 2, \cdots, n$,n 代表设备间内共有设备总数	

3. 设备间子系统设计的环境考虑

设备间子系统设计的环境考虑,如表 4-5 所示。

表 4-5　设备间子系统设计的环境考虑

序号	考虑因素	说　明
1	温度和湿度	网络设备间一般将温度和湿度分为 A、B、C 三个等级,设备间可按某一级执行,也可按某级综合执行
2	尘埃	设备对设备间内的尘埃量要求,一般可分为 A、B 两个等级,可参考本书表 4-2。在设计时,除了按《电子计算机场地通用规范》(GB/T 2887—2000)执行外,还应根据具体情况选择合适的空调系统
3	照明	设备间内在距地面 0.8m 处,照度不应低于 200lx,还应设事故照明,在距地面 0.8m 处,照度不应低于 5lx
4	噪声	设备间的噪声应小于 65dB
5	电磁场干扰	设备间内无线电干扰场强,在频率为 0.15～1000MHz 范围内不大于 120dB。设备间内磁场干扰场强不大于 800A/m(相当于 100e)
6	供电	频率:50Hz;电压:380V/220V;相数:三相五线制、三相四线制、单相三线制
7	安全	《计算机场地安全要求》(GB/T 9361—2011)规定,设备间的安全可分为 A 类、B 类、C 类 3 个类别,设备间有基本的安全措施
8	建筑物防火与内部装修	《高层民用建筑设计防火规范》(GB 50045—2005)中规定了建筑物 A、B、C 三级耐火等级,设备间设计应不低于对应等级标准。 内部装修:根据 A、B、C 三类等级要求,设备间进行装修时,装饰材料应符合《建筑设计防火规范》(GB J16—2014)中规定的难燃材料或非燃材料,应能防潮、吸音、不起尘、抗静电等
9	地面	设备间地面多采用抗静电活动地板,其系统电阻应在 $1 \times 105 \sim 1 \times 1010\Omega$。具体要求应符合《防静电活动地板通用规范》(GB/T 36340—2018)标准
10	墙面	设备间墙面应选择不易产生尘埃,也不易吸附尘埃的材料。目前大多数是在平滑的墙壁涂阻燃漆,或在平滑的墙壁覆盖耐火的胶合板
11	顶棚	为了吸噪及布置照明灯具,设备顶棚一般在建筑物梁下加一层吊顶。吊顶材料应满足防火要求。可采用铝合金或轻钢作龙骨,安装吸音微孔铝合金板、阻燃铝塑板、喷塑石英板等
12	隔断	根据设备间放置的设备及工作需要,采用高强度金属方管作支架,用玻璃将设备间隔成若干个房间。隔断可以选用防火的铝合金或轻钢作龙骨,安装 10mm 厚玻璃。或从地板面至 1.2m 安装阻燃双塑板,1.2m 以上安装 10mm 厚玻璃
13	火灾报警及灭火设施	按照《火灾自动报警系统设计规范》(GB 50116—2013)的有关规定执行

设备间子系统布线如图 4-14 所示。

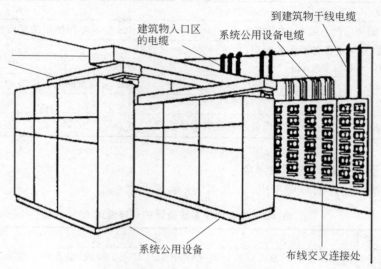

图 4-14　设备间子系统布线

4.6　管理间子系统设计

最新国家标准《综合布线系统工程设计规范》(GB 50311—2016)中,把管理间系统和电信间都纳入管理子系统。本书沿用以前习惯,称管理间子系统为楼层电信间。

楼层电信间是提供配线线缆(水平线缆)和主干线缆相连的场所。楼层电信间最理想的位置是位于楼层平面的中心,这样更容易保证所有的水平线缆不超过规定的最大长度90m。如果楼层平面面积较大,水平线缆的长度超出最大限值应该考虑设置两个或更多个电信间。

电信间主要为楼层安装配线设备(机柜、机架、机箱等)和楼层计算机网络设备(HUB或 switch)提供场地,并可考虑在该场地设置缆线竖井等电位接地体、电源插座、UPS 配电箱等设施。

通常情况下,楼层电信间面积不应小于 $5m^2$,如覆盖的信息插座超过 200 个或安装的设备较多时,应适当增加房间面积。如果电信间兼作设备间,其面积不应小于 $10m^2$ 。电信间的设备安装要求与设备间的相同。

现在许多大楼在综合布线时在每一楼层都设立一个楼层电信间,用来管理该层的信息点,摒弃了以往几层共享一个电信间的做法,这也是布线的发展趋势。

4.6.1　管理间子系统设计要点

管理间子系统把中继线交叉连接处和布线交叉连接处连接到公用系统设备上。由电缆、连接器和相关支撑硬件组成,它把公用系统设备的各种不同设备互连起来,相当于电配线系统中的站内配线设备及电缆、导线连接部分。

管理间子系统由交叉连接、互连和输入/输出组成,为连接其他子系统提供连接手段,相当于电话配线系统中每层配线箱或电话分线盒部分。

管理间子系统的设计注意事项如下。

（1）每个楼层一般宜至少设置 1 个电信间，特殊情况下，如果每层信息点数量较少，且水平缆线长度不大于 90m，可以几个楼层合设一个管理间。

（2）管理子系统连接器件：根据综合布线所用介质类型，管理子系统连接器件分为两大类，即铜缆管理器件和光纤管理器件。这些管理器件用于配线间和设备间的缆线端接，以构成一个完整的综合布线系统。

（3）光纤管理器件：根据光缆布线场合要求，光纤管理器件分为两类，即光纤配件架和光纤接线盒。光纤配件架适合规模较小的光纤互联场合，而光纤接线盒适合光纤密集的场合。

（4）综合布线系统工程规模较大以及用户有提高布线系统维护水平和网络安全的需要时，宜采用智能配线系统对配线设备的端口进行实时管理、显示和记录配线设备的连接、使用及变更状况，并应具备实时智能管理与监测布线跳线连接通断及端口变更状态等基本功能。

4.6.2　管理间子系统施工

管理间子系统施工内容一般包括管理间机柜、电源、子系统连接器（网络配线架、通信跳线架、光纤跳线架）、交换设备（交换机、理线环）、管理标记等工作。对工作区、电信间、设备间、进线间的配线设备、缆线、信息插座模块等设施按一定的模式进行标识和记录。

施工时，对管理间子系统的配线设备、缆线、信息点等设施，应按一定的模式进行标识和记录，并应符合下列规定。

（1）采用计算机进行文档记录与保存，简单且规模较小的综合布线系统工程可按图纸资料等纸质文档进行管理。文档应做到记录准确、及时更新、便于查阅，文档资料应实现汉化。

（2）每条电缆、光缆、配线设备、终接点、接地装置、管线等组成部分均应给定唯一的标识符，并应设置标签。标识符应采用统一数量的字母和数字等标明。

（3）电缆和光缆的两端均应标明相同的标识符。

（4）配线设备宜采用统一的色标区别各类业务与用途的配线区。

4.7　建筑群子系统设计与施工

建筑群子系统也称楼宇管理子系统，它将一个建筑物中的电缆延伸到建筑群的另外一些建筑物中的通信设备和装置上，它提供了楼群之间通信设施所需的硬件，包括各类电缆、光缆和防止电缆的浪涌电压进入建筑物的电气保护设备等。

4.7.1　建筑群子系统设计

用户分散在几幢相邻建筑物或不相邻的建筑物内办公，是很常见的事情，用户彼此之间的语音、数据、图像和监控等系统可由建筑群子系统来连接传输。建筑群子系统是由连接各建筑物之间的传输介质和各种支持设备（硬件）组成的综合布线子系统。建筑群主干布线子系统是智能化建筑群体内的主干传输线路,也是综合布线系统的骨干部分。建筑群子系统设计的好坏、工程质量的高低、技术性能的优劣都直接影响综合布线系统的服务效果,在设计中必须高度重视。

1. 建筑群子系统的主要特点和设计原则

（1）建筑群子系统中,建筑群配线架（CD）等设备安装在室内,而其他所有线路设施都设在室外,受客观环境和建设条件影响较大。若工程范围大,涉及面较宽,在设计和建设中更需注意此问题。

（2）综合布线系统中,如采用有线通信方式,一般通过建筑群子系统与公用通信网连成整体。从全程全网来看,也是公用通信网的组成部分,它们的使用性质和技术性能基本一致,其技术要求也相同。因此,要从保证全程全网的通信质量来考虑,不应只以局部的需要为基点,使全程全网的传输质量有所降低。

（3）建筑群子系统的缆线是室外通信线路,其建设原则、网络分布、建筑方式、工艺要求以及与其他管线之间的配合协调,均与所属区域内的其他通信管线要求相同,必须按照本地区通信线路的有关规定办理。

（4）建筑群子系统的缆线敷设在校园式小区或智能化小区内,成为公用管线设施时,其建设计划应纳入小区规划,具体分布应符合智能化小区的远期发展规划要求（包括总平面布置）;且与近期需要和现状相结合,尽量不与城市建设和有关部门的规定发生矛盾,使传输线路建设后能长期稳定,安全可靠地运行。

（5）在已建或正在建的智能化小区内,如已有地下电缆管道或架空通信杆路,应尽量设法利用。与该设施的主管单位（包括公用通信网或用户自备设施的单位）进行协商,采取合用或租用等方式,这样可避免重复建设,节省工程投资,使小区内管线设施减少,有利于环境美观和小区布局。

2. 建筑群子系统的工程设计要求

（1）建筑群子系统设计应注意所在地区的整体布局。由于智能化建筑群所处的环境一般对美化要求较高,对于各种管线设施都有严格规定,要根据小区建设规划和传输线路分布,尽量采用地下化和隐蔽化方式。

（2）建筑群子系统设计应根据建筑群用户信息需求的数量、时间和具体地点,采取相应的技术措施和实施方案。在确定缆线的规格、容量、敷设的路由以及建筑方式时,务必考虑通信传输线路建成后保持相对稳定,并能满足今后一定时期信息业务的发展需要。为此,必须遵循以下几点要求。

① 线路路由应尽量选择距离短、平直,并在用户信息需求点密集的楼群经过,以便供线和节省工程投资。

② 线路路由应选择在较永久性的道路上敷设,并应符合有关标准规定以及与其他管线和建筑物之间最小净距的要求。除因地形或敷设条件的限制必须与其他管线合沟或合杆外,与电力线路必须分开敷设,并有一定的间距,以保证通信线路安全。

③ 建筑群子系统的主干缆线分支到各幢建筑物的引入段落,其建筑方式应尽量采用地下敷设。如不得已而采用架空方式（包括墙壁电缆引入方式）,应采取隐蔽引入,其引入位置

宜选择在房屋建筑的后面等不显眼的地方。

3.建筑群子系统的设计步骤

（1）确定敷设现场的环境、结构特点。

（2）选择所需线缆的类型和规格。

（3）确定建筑物的线缆入口。

（4）确定明显障碍物的位置。

（5）确定主线缆路由和备用线缆路由。

（6）确定线缆系统的一般参数，例如长度、数量等。

（7）确定每种选择方案所需的劳务成本。

（8）确定每种选择方案的材料成本。

（9）选择最经济、最实用的设计方案。

4.7.2　建筑群子系统施工

建筑群子系统常用的布线方式包括通道布线法、直埋布线法、架空布线法、管道内布线法，如图 4-15 所示。

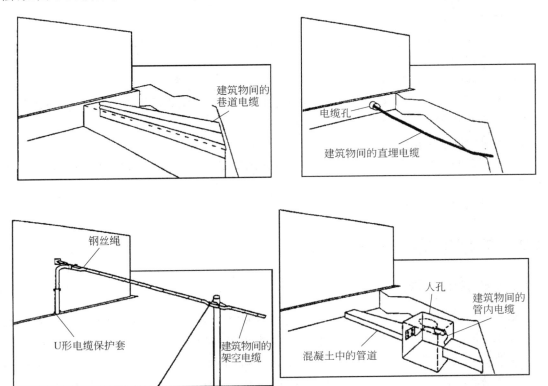

图 4-15　建筑群子系统常用布线方式

4.8　进线间子系统设计

进线间是建筑物外部通信和信息管线的入口部位,并可作为入口设施和建筑群配线设备的安装场地。建筑群主干电缆和光缆、公用网和专用网电缆、天线馈线等室外缆线进入建筑物时,应在进线间转换成室内电缆、光缆。进线间转换的缆线类型与容量应与配线设备相一致。

进线间设计注意事项如下。

(1) 在缆线的终端处应设置入口设施并在外线侧配置必要的防雷电保护装置。入口设施中的配线设备应按引入的电缆、光缆容量配置。

(2) 进线间应设置管道入口。

(3) 进线间应满足缆线的敷设路由、端接位置及数量、光缆的盘长空间和缆线的弯曲半径、维护设备、配线设备安装所需要的场地空间和面积需求。

(4) 进线间的大小应按进线间的进局管道最终容量及入口设施的最终容量设计,同时应考虑满足多家电信业务经营者安装入口设施等设备所需的面积。

(5) 进线间宜靠近外墙和在地下设置,以便于引入缆线。

进线间设计的相关规定如下。

(1) 进线间应防止渗水,应有抽排水装置。

(2) 进线间应与布线系统垂直竖井沟通。

(3) 进线间应采用相应防火级别的防火门,门向外开,宽度不小于 1000mm。

(4) 进间应设置防有害气体措施和通风装置,宜采用轴流式通风机通风,排风量按每小时不小于 5 次的换气次数计算。

(5) 进线间无关的管道不应在室内通过。

(6) 进线间入口管道口所有布放缆线和空闲的管孔应采取防火材料封堵,做好防水处理。

(7) 进线间如安装配线设备和信息通信设施时,应符合设备安装设计的要求。

4.9　数据中心布线系统

4.9.1　数据中心构成

数据中心是指为集中放置的电子信息设备提供运行环境的建筑场所,可以是一栋或几栋建筑物,也可以是一栋建筑物的一部分,包括主机房、辅助区、支持区和行政管理区等。

数据中心主要用于设置计算机房及其支持空间,数据中心内放置核心的数据处理设备,是企业的大脑。数据中心的建立是为了全面、集中、主动并有效地管理和优化 IT 基础架构,实现信息系统高水平的可管理性、可用性、可靠性和可扩展性,保障业务的顺畅运行和服务的及时提供。

数据中心从功能上可以分为核心计算机房和其他支持空间。计算机房主要是用于电子信息处理、存储、交换和传输设备的安装、运行和维护的建筑空间,包括服务器机房、网络机房、存储机房等功能区域。支持空间是计算机房外部专用于支持数据中心运行的设施和工作空间，包括进线间、内部电信间、行政管理区、辅助区和支持区。数据中心构成图如图 4-16 所示。

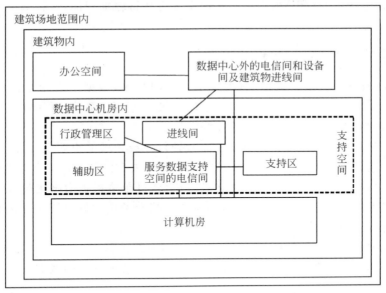

图 4-16　数据中心构成图

建设一个完整的、符合现在以及将来要求的高标准新一代数据中心，应满足以下功能要求。

（1）一个需要满足安装进行本地数据计算、数据存储和安全的联网设备的场所。

（2）可为所有设备运转提供所需的电力。

（3）在满足设备技术参数要求下，为设备运转提供一个温度受控环境。

（4）为所有数据中心内部和外部的设备提供安全可靠的网络连接。

4.9.2　数据中心发展方向

数据中心是数字经济的核心基础支撑设施和国家战略资源。自 2015 年我国提出"国家大数据战略"以来，推进数字经济发展和数字化转型的政策不断深化和落地。2017 年以来"数字经济"已经连续四年被写入政府工作报告。从 2019 年至今，国家发展改革委、工业和信息化部、中央网信办等部门已出台十余项国家层面的数字经济发展相关政策。

2022 年年初，国家发改委等部委通知，同意在京津冀、长三角、粤港澳大湾区、成渝、内蒙古、贵州、甘肃、宁夏 8 地启动建设国家算力枢纽节点，并规划了 10 个国家数据中心集群，至此，"东数西算"工程正式全面启动。权威人士指出，"东数西算"工程数据中心产业链条长、投资规模大，带动效应强。通过算力枢纽和数据中心集群建设，将有力带动产业上下游投资，预计启动后将每年拉动 4000 亿元人民币的投资。数据中心是国家新基建重要内容之一，它和智能计算中心一起，被列为代表算力基础设施之一，我国数据中心迎来建设新高潮。

数据中心的发展方向包括以下几个方面。

（1）数据中心级架构极简化将成为主流，预制化、模块化逐渐从数据中心的弱电设备、环境设备向整个数据中心延伸。

（2）数据中心高效和节能将成为主流，供电系统的电能转化和传递效率将进一步提升，制冷系统将充分利用自然冷源给数据中心降温。供电系统融合极简,走向预制化、模块化和锂电化。制冷系统风进水退,传统冷冻水系统将被逐步替代。

（3）在 AI 等技术加持下,数据中心管理系统将变得更加智能,运行效率更高。管理系统自动化、智能化,数字化技术普遍应用。

4.9.3　数据中心布线设计

国家标准《数据中心设计规范》(GB 50174—2017)中,数据中心划分为 A、B、C 三级,A 级为"容错"系统,可靠性和可用性等级最高;B 级为"冗余"系统,可靠性和可用性等级居中;C 级为满足基本需要,可靠性和可用性等级最低。

数据中心的使用性质主要是指数据中心所处行业或领域的重要性,最主要的衡量标准是由于基础设施故障造成网络信息中断或重要数据丢失在经济和社会上造成的损失或影响程度。数据中心按照哪个等级标准进行建设,应由建设单位根据数据丢失或网络中断在经济或社会上造成的损失或影响程度确定,同时还应综合考虑建设投资。等级高的数据中心可靠性高,但投资也相应增加。

A 级数据中心举例:金融行业、国家气象台、国家级信息中心、重要的军事部门、交通指挥调度中心、广播电台、电视台、应急指挥中心、邮政、电信等行业的数据中心及企业认为重要的数据中心。

B 级数据中心举例:科研院所、高等院校、博物馆、档案馆、会展中心、政府办公楼等的数据中心。

国家标准《数据中心设计规范》(GB 50174—2017)中,数据中心设计的要求如下。

（1）数据中心应划分为 A、B、C 三级。设计时应根据数据中心的使用性质、数据丢失或网络中断在经济或社会上造成的损失或影响程度确定所属级别。

（2）符合下列情况之一的数据中心应为 A 级:

① 电子信息系统运行中断将造成重大的经济损失;

② 电子信息系统运行中断将造成公共场所秩序严重混乱。

（3）符合下列情况之一的数据中心应为 B 级:

① 电子信息系统运行中断将造成较大的经济损失;

② 电子信息系统运行中断将造成公共场所秩序混乱。

（4）不属于 A 级或 B 级的数据中心应为 C 级。

（5）在同城或异地建立的灾备数据中心,设计时宜与主用数据中心等级相同。

（6）数据中心基础设施各组成部分宜按照相同等级的技术要求进行设计,也可按照不同等级的技术要求进行设计。当各组成部分按照不同等级进行设计时,数据中心的等级应按照其中最低等级部分确定。

数据中心设计包括数据中心性能、选址及设备布置、环境要求、建筑与结构要求、空气调节要求、电气要求、电磁屏蔽、网络系统、布线系统、智能化系统要求、给水排水要求、消防安全要求等,这里主要阐述布线系统的设计。数据中心布线系统设计需要了解以下五个方面的信息。

1. 服务器机柜内布线设计

（1）每一列服务器机柜的数量及服务器机柜的总列数。

（2）服务器机柜采用布线结构（EOR、MOR、TOR）。

（3）每个机柜设置服务器的数量。

（4）服务器机柜的高度、宽度和深度。

（5）主机房内服务器机柜的平面布置。

（6）铜缆及光缆布线的等级。

（7）每个机柜所需的铜缆和光缆的配线端口数量。

（8）跳线的类别和数量。

（9）PDU 的设置位置和容量。

2．存储机柜内布线设计

（1）每列 SAN 交换机连接存储机柜的数量。

（2）存储机柜的列数。

（3）主机房内存储机柜所处的位置。

（4）每个机柜铜缆和光缆的数量。

（5）铜缆及缆布线的等级。

（6）跳线的类别和数量。

（7）PDU 的设置位置和容量。

3．列头柜布线设计

（1）列头柜所在机列的位置。

（2）交接机的位置及数量。

（3）列头柜配线模块的类型和端口数量。

（4）铜缆连接点的数量以及上联光缆连接的数量。

（5）铜缆及光缆布线的等级。

（6）跳线的类别和数量。

（7）PDU 的设置位置和容量。

4．配线机柜内布线设计

（1）电缆及光缆布线的等级。

（2）跳线的类别和数量。

（3）配线设备模块选用类型和端口数量。

（4）配线机柜内安装的其他设施（检测设备、KVM 设备）。

（5）配线柜的数量与位置。

5．端口数量及功耗

了解每一台设备（服务器、交换机、存储器、KVM 设备等）的尺寸、安装方式、输入/输出、电与光的端口数量及功耗。

数据中心布线设计步骤如下。

（1）完成网络架构图与布线系统图。

（2）确定设备区每一个机柜内安装的设备类型组合情况与数量，包括：服务器（或存储器等）＋配线模块；服务器（或存储器等）＋KVM 设备＋配线模块；服务器（或存储器等）＋KVM 设备＋以太网交换机＋配线模块；服务器（或存储器等）＋以太网交换机＋配线模块。

（3）确定各配线区配线机柜内光电端口的数量及连接对象。

（4）确定电缆、光缆跳线的数量。

（5）确定每一列列头柜（列中柜）的数量、摆放位置及安装设备组合情况，包括几个机柜设置一个列头柜；列头柜设置机列的一端或中间部位；以太交换机＋配线模块；KVM设备＋以太交换机＋配线模块；配线模块。

（6）确定列头柜出入线缆数量及连接对象，包括列头柜至列头柜配线模块，至主配线区配线柜配线模块，至水平配线区配线柜配线模块，至中间配线区配线模块，至设备区配线模块，至电信间、进线间配线模块。

（7）确定列头柜安装配线模块的类型及数量。

（8）确定列头柜的数量。

（9）确定电缆桥架敷设路由与尺寸。

数据中心机房设备的设置包括集中设置和分布设置两种方式，如图4-17所示。

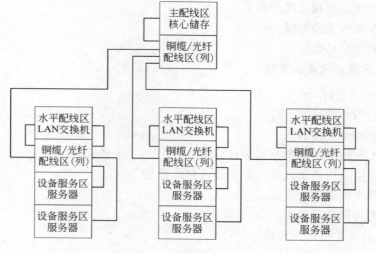

分布设置方案

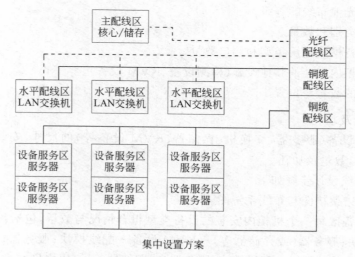

集中设置方案

图 4-17　数据中心机房设备设置方案

典型的数据中心机房设备布置示意图如图 4-18 所示。

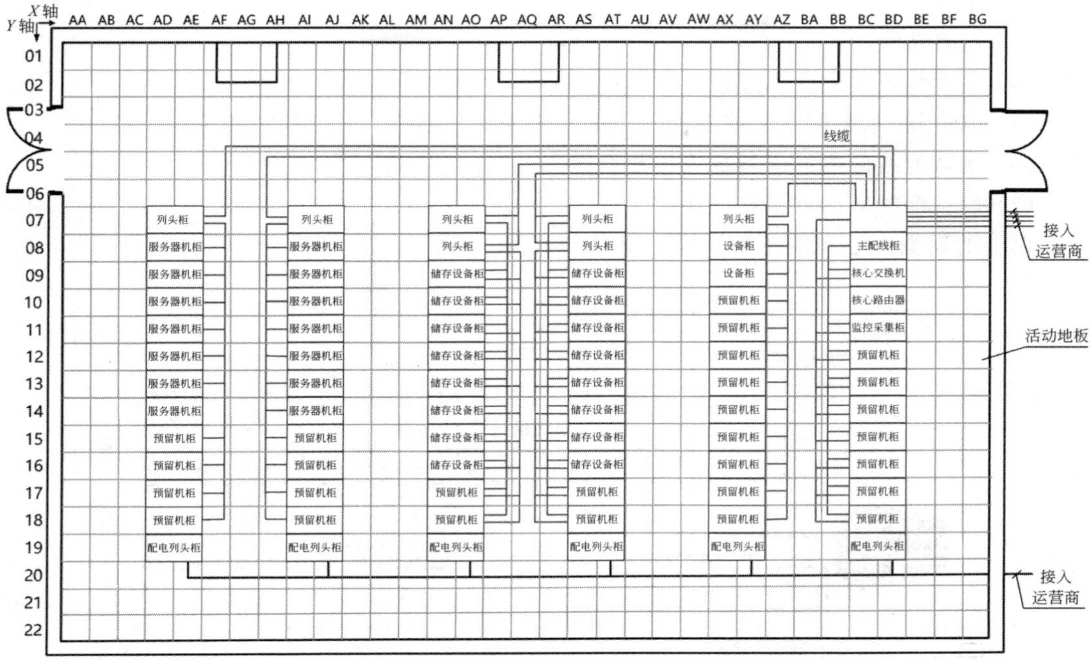

图 4-18　数据中心机房设备布置示意图

4.9.4　数据中心布线实例

数据中心综合布线系统分类如下。

1. 按区域划分

红线外运营商区域指从运营商通信母局至数据中心园区进园井之间区域,由基础运营商负责,主要包括公共道路上的管道、管井资源。

红线内园区区域指从园区内运营商进园井至楼内进线间之间区域,主要包括园区内的管道、管井资源。

楼内区域指从楼内进线间至模块机房网络柜之间区域,主要包括楼内水平垂直管道、桥架资源、网络柜资源。

模块机房区域指从模块机房内网络柜至最终设备端口之间区域,主要包括模块内水平桥架资源、网络柜资源。

2. 按用途区分

内部自用可分为生产自用和控制自用。生产自用指的是数据中心运营方自用的生产网、办公网、测试网等相关布线;控制自用指的是数据中心基础设施相关的 BMS、BA、CCTV 等相关布线。

用户相关指提供给用户的综合布线系统,一般用于用户机柜之间互联,或用户与运营商、服务提供商之间互联。

数据中心布线系统包括如下基本元素。

（1）水平布线。

（2）主干布线。

（3）设备布线。

（4）主配线区的主交叉连接。

（5）电信间，水平配线区或主配线区的水平交叉连接。

（6）区域配线区内的区域插座或集合点。

（7）设备配线区内的信息插座。

典型的数据中心布线拓扑结构如图 4-19 所示。

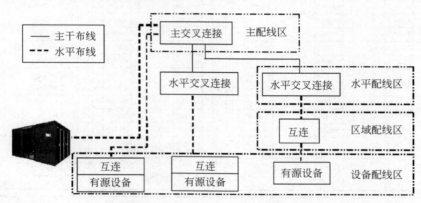

图 4-19　数据中心布线拓扑结构

典型的数据中心配线连接示意图，如图 4-20 所示。

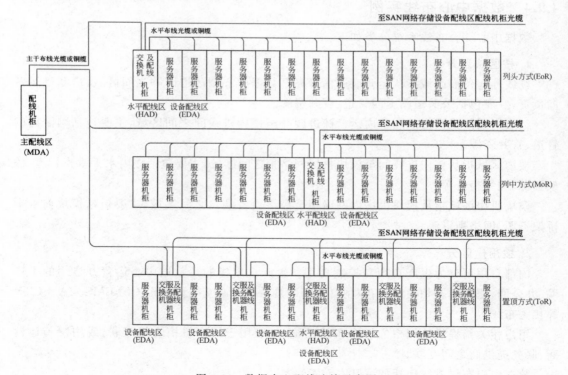

图 4-20　数据中心配线连接示意图

数据中心通用布缆系统基本配置如图 4-21 所示。

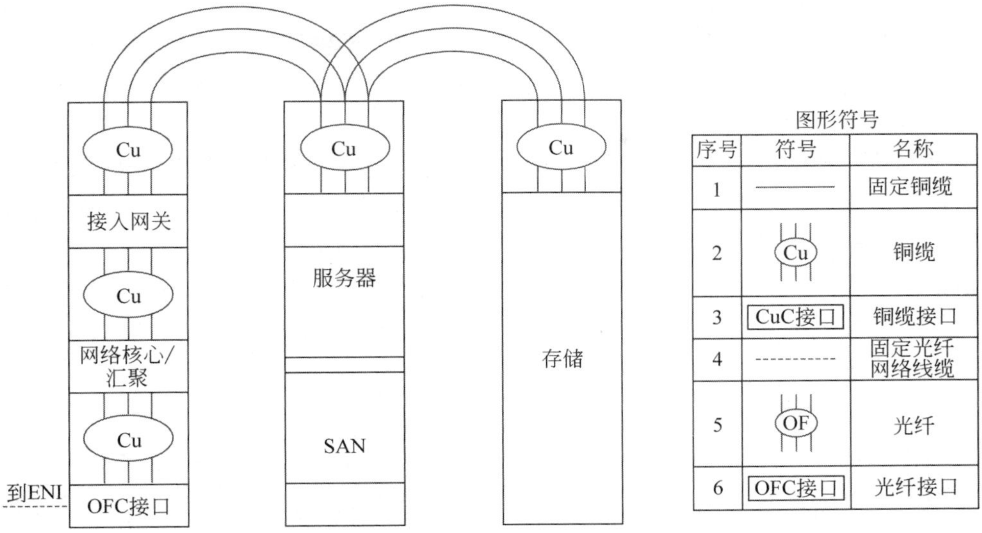

图 4-21　数据中心通用布缆系统基本配置示例

4.9.5　数据中心布线选型与测试

数据中心的质量可靠性根据国家标准分为 A、B、C 三个级别。A 级要求最高,需要做到在线容错和在线维护。A 级数据中心对应的综合布线系统质量要求很高,除了链路能满足现在的应用对链路性能的需求,还必须保证能满足未来一段时间内的链路提速要求;最重要的是,要时刻保证在用链路、更新设备后的链路、备份链路等始终处于"可用"状态。只有在设计、选型、安装、验收、维护等环节都给予品质保障的足够关注,才能达到这个目标。

1. 选型测试注意事项

首先应避免"短周期"失误出现,数据中心的甲方多数很关注性价比,乙方则多数关注价格。如果甲方还像建设一般企业网那样只关心价格和现在是否"能用""够用",则可能会把数据中心的"翻新"周期缩短为 3～6 年。也就是说,随着数据集中和图像数据的快速增加,每隔 3～6 年就要将数据中心的综合布线系统重建一次。由于此"短周期"重复建设造成的预算浪费相当惊人,所以在项目前期,项目筹建小组应该尽力避免犯此类失误。

选型测试可先进行产品测试,如使用"DTX1800 电缆分析仪"＋"电缆测试适配器 LABA"＋"跳线测试适配器"等进行元器件测试,获得元件的性能参数,然后按照"三长三连"或者"三长四连"的模式进行链路兼容性测试,最后根据价格、品牌、服务、质保期等评分得到综合因素评分。依据综合评分进行选型,所得到的结果总体性价比通常都比较接近用户"稳定的高品质"的目标。

选型测试最常见的第一种错误,是用通道适配器和通道测试标准去检测电缆,这样获得的测试结果,即便电缆本身质量很差,而测试结果却可能"很好"。这是因为电缆测试是元件级测试,通道测试是链路级测试,元件的测试标准比链路的测试标准高很多,所以,一根劣质电缆很容易通过通道测试。常见的第二种错误是只用永久链路去对拥有两个连接器的

90m 链路进行兼容性测试,对 50m 中长链路和 20m 短链路则不做测试,而中长链路是反映链路兼容性平衡参数,短链路则对链路的阻抗连续性的重点进行考察。

总结此类错误还包括连接器数量不足,不能反映厂家提供的链路的极限使用参数等问题。比如厂家通常承诺支持标准当中规定的最多四个连接器或者三个连接器,只使用两个连接器进行选型显然不恰当。

常见的第三种错误是对 Cat.6 或者 Cat.6$_A$ 等电缆链路不做外部串扰检测,在设计、安装人员无限制地将大量电缆捆绑成一束进行理线时就可能会引发线间的严重干扰,使万兆等类型的应用误码率达不到标准或者不能稳定地支持这种应用。

由于配线架和理线器等安装设施都将六根线束作为最小捆绑单元,所以厂家一般都提供与此接近的"六包一"外部串扰值测试数据,选型时可以参照厂家提供的"六包一"模式使用外部串扰测试适配器进行现场测试。

2. 如何进行进场检测

进场检测是指对采购布线产品在安装现场进行安装前的验货检测,有时也指采购产品的入库检测。由于数据中心的链路密度和总数量比较大,批量采购的产品多数情况下都是进行入库抽检的方式。抽测的比例从 2% 到 20% 不等,这与采购产品的总数量、甲方在的合同检测比例约定和甲方对产品质量的关注程度有很大关系。根据目前的调查数据显示,可能有高达 90% 以上的数据中心建设项目在安装前都没有做进场检测。

如何进行进场检测?进场检测和选型检测的方法基本相同,但有时为了"省事",只做元件测试,有事甚至只做兼容性测试。要求较高的甲方还会要求对外部串扰参数安排进场仿真检测。

3. 如何进行监理测试

为了避免因为安装环境或者安装工艺引发的批量安装质量问题,一般的建议是边施工边进行小批量验收检测,及时发现问题,避免引发大批量停工、返工现象而造成的时间和金钱的巨额损失。

4. 如何进行验收测试

验收测试是甲方,特别是乙方非常熟悉的测试,但由于数据中心引入了列头柜结构,导致短链路和"长跳线"类型的链路大量增加,为了降低回波损耗的影响,保证未来的提速空间,测试模式需要选择 PP-PP 的结构模式。

部分甲方会要求对"长跳线"进行跳线测试而非通道测试,这种测试方法有两个好处,一是可以解决通道测试"不包含"两端水晶头参数的问题,二是为以后更高的链路速度留下足够升级空间。

另一个测试对象是大线束的外部串扰测试,由于配线架多使用高密度安装,外部串扰测试的时候需要额外引入邻近的干扰模块而不只是干扰链路,这样的测试最接近真实工作环境。

5. 定期维护和测试

数据中心交付使用后,需要进行两种测试,第一种是在增加设备、更换/升级设备、更换跳线、排除链路故障后进行质量检测,这是为了保障综合布线系统在发生变化后仍然保持质量稳定。第二种是进行定期维护检测,以发现出现的异常变化和链路参数的劣化、干扰源的增加等不利于质量稳定的事件,定期检测的周期一般建议是一至两年。

4.10　智能布线管理系统

国家标准《数据中心设计规范》(GB 50174—2017)中,第 10.2.7 条规定:"A 级数据中心宜采用智能布线管理系统对布线系统进行实时智能管理。"在众多大型网络系统中,电子配线架等智能布线管理系统得到越来越广泛地应用。

4.10.1　智能布线管理系统的产生与优势

智能布线管理系统(intelligence infrustructure management system,IIM)可以视作传统综合布线系统与传统自动检测技术结合,形成的新一代综合布线系统。IIM 可以随时监测到综合布线系统的物理层传输系统的连接状态变化,同时将这些记录保存在系统里,管理者可以依此分析整个系统的变化和发展情况。智能布线管理系统的关键在于监测单元,而控制器和软件系统则是起到了传递、保存、统计、分析和显示监测记录和获得分析预测信息的重要作用。随着智能布线管理系统的不断完善,它将是智能建筑中布线系统自动监测和智能化管理的有效手段。

随着现代社会的快速发展,综合布线系统工程规模越来越大、智能化建筑为大中型单幢高层或为多幢建筑组成园区式建筑,通信业务种类和用户信息点数量越来越多,通信网络结构变得越来越复杂,如何保障综合布线系统正常、高效运行,在出现故障时迅速排解,避免布线系统出问题,导致牵一发而动全身。如何管理综合布线系统成为一个必须面对的问题。

综合布线线缆是综合布线系统的基础设施,是整个网络的中枢神经系统,它能为智能建筑提供语音、数据、图像、多媒体等系统应用。依靠综合布线系统的网络灵活性及高可靠性,线缆在不断的快速扩展中,随着系统的使用、网络的发展,用户不可避免的要对连接的缆线进行移动、添加、改动,使跳线不断变更,在设备间主配线架及楼层配线架将会出现跳线管理的问题,缆线众多,难免出现混乱。

为解决类似上述问题,智能布线管理系统应运而生。与传统综合布线系统相比,智能布线管理系统有如下优势。

(1) 实时监测端到端网络连接。智能布线管理系统实时监测端到端网络连接,当智能型跳线插入或拔出智能型配线架的端口时,系统会实时检测到相应端口的连接或断开信息,通过声、光、邮件、短信等形式对紧急事件进行报警,通知管理人员及时了解网络连接的变化,进行相应处理。同时连接变化后,新的网络结构便会被管理软件自动记录,不会有遗漏或延迟等情况。

(2) 控制工作任务的执行。电子配线架智能布线系统采用 ANSI/TIA/EIA 568—B《商业建筑通信布线标准》推荐的交叉连接模式,配线架每个端口上都有 LED 指示灯。LED 指示灯为执行现场操作提供重要依据,和传统布线系统相比,大大提高了现场操作的准确性和高效性。

(3) 图形化显示物理层的连接架构。电子配线架智能布线系统可直观图形化显示物理层的连接架构,包括建筑物、楼层、房间、机架、配线架、线缆、插座和网络设备等。网络连接发生变化后,管理软件内的图形化架构会实时更新。管理人员可以通过软件了解整个网络的任意管理元素的详细内容。

（4）自动识别网络和拓扑结构。与传统布线系统不同,电子配线架智能布线系统将有源网络设备也纳入管理的范畴,电子配线架智能布线系统能发现网络、子网中所有的有源设备,识别设备参数包括主机名、IP 地址、MAC 地址、系统服务类型(如果工作站是 SNMP 代理)等。设备和设备的参数也被自动添加到数据库中,并置于正确的位置,未来就可以识别设备连接关系的所有变化情况。全面将网络设备纳入管理的范畴,使得管理更加完善。

（5）侦测非法设备的侵入。电子配线架智能布线系统可以轻松将某些链路定义为"保密"链路,管理软件通过和有源网络设备协同工作,规定只有带某个或者某几个 MAC 地址的设备可以连接到该条链路。如果有非法设备的接入,管理软件将通过各种方式进行告警,大大提高了网络管理的安全性。

（6）支持 PBX 系统。电子配线架智能布线系统的管理软件从 PBX 端口获取信息,并映射 PBX 交换机端口和电话末端设备之间的完全连接关系,比如电话的物理位置。集成了 PBX 端口信息后,电话线路管理将变得更便捷。

（7）支持 IP 电话系统。电子配线架智能布线系统的管理软件支持企业网络集成 IP 电话系统。应用程序结合 IP 电话呼叫管理工具,提供最新的连接信息以及网络内 IP 电话的分机。

（8）搜索功能。管理传统布线系统,一般为电子文档。电子配线架智能布线系统支持数据库搜索,信息实时更新,搜索结果可以准确地以图形化的方式显示设备所在的位置,且所有现场操作都被记录在数据库中,可以进行精确搜索查询。

（9）其他功能。包括资产管理、报告功能、与其他智能系统的结合,如布线管理与 IT 管理的结合等。

4.10.2　智能布线管理系统介绍

智能布线管理系统是一种针对结构化布线系统的实时智能化管理方案,该系统通过硬件和软件完整的有机结合,实现可实时获取布线系统和网络系统的配置结构和运行状态,针对各种非法行为(包括没有预先定义的行为等),进行多种方式的监控和报警等功能。该系统使布线系统和系统中的连接设备具备智能化的管理能力,有效降低传统手工操作管理带来的不便,大幅减少网络管理人员的工作量,可自动实现管理设备的全程不间断的记录,并支持自动生成完整的系统故障和诊断文档报告。

智能布线系统为综合布线系统管理提供了全新的设计思路和技术创新,它使综合布线系统设计更便于施工、安装、管理,使尽可能减少移动、变更成为可能。避免了综合布线系统设计改动中可能出现的人为差错,有效提高了综合布线系统安装、维护、管理的质量和效率,大幅度减少了系统线路信号衰减,保证了系统正常的传输速率。智能布线管理系统采用 ANSI/TIA/EIA 568—B《商业建筑通信布线标准》推荐的交叉连接模式,即水平一侧(或垂直一侧)的线缆和网络设备一侧的线缆分别端接在不同的配线架,跳线的管理只在两侧配线架内实施。电子配线架智能布线系统采用智能型配线架和智能型跳线,每个端口都包含电子信息。

智能布线管理系统的硬件包括智能管理单元(IMU)、智能配线架(铜缆配线架、光纤配线架)、智能跳线(铜缆跳线、光纤跳线),软件包括智能管理软件。

智能管理单元为智能布线管理系统的唯一有源设备,完成配线架数据采集及上传功能;以数据打包形式,将其下连接的全部配线架所采集的数据,上传到服务器端,供智能布线管理系统管理软件处理。

智能型铜缆配线架和智能型铜缆跳线与传统配线架与铜缆跳线区别在于,智能型铜缆配线架的端口采用标准 RJ 45,最左侧的第 0 帧位备用,中间 8 芯(第 1 帧位至第 8 帧位)用于通信,最右侧的第 9 帧位则用于智能管理,和传统布线系统的 RJ 45 相比,第 9 帧多了一根铜芯,但并没有改变原来 RJ 45 的结构。智能型铜缆跳线同样采用标准 RJ 45,最左侧的第 0 帧位备用,中间 8 芯(第 1 帧位至第 8 帧位)用于通信,最右侧的第 9 帧位则用于智能管理,也并没有改变原来 RJ 45 的结构。因此智能型铜缆配线架和传统型铜缆配线架可以互相通用,智能型铜缆跳线和传统型铜缆跳线也可以互相通用。

智能型配线架相比较传统型配线架另一个区别之处,是智能型配线架每个端口上都有 LED 指示灯。LED 指示灯为实施现场操作提供重要的依据,与传统布线系统相比,大大提高了现场操作的准确性和高效性。

智能布线管理系统管理软件提供了智能配线架和智能跳线以及其他可管理设备的管理功能,可显示系统内设备和缆线用途、使用部门、局域网的拓扑结构、信息传输速率、终端设备配置状况,包括硬件编号、色标、链路功能和各项主要特征参数、链路状况、故障记录保存、登录设备位置以及缆线走向等。

1. 智能布线管理系统的范围

智能布线管理系统是针对设备间、交换间的工作区的配线设备、线缆、信息插座等设施,按照一定的模式进行标识和记录,内容包括管理方式、标识、色标、交叉连接、跳线等。这些内容的实施给用户系统维护、管理创造方便,提高了管理水平和工作效率,从而实现了综合布线系统的灵活性、开放性和扩展性。

智能布线管理系统适用于超五类、六类的屏蔽、非屏蔽铜缆系统,以及不同等级光纤系统,如 OM1、OM2、OM3、OSI 等,包括不同类型光纤端口,如 ST、SC、SFF 等的连接功能。

2. 智能布线管理系统管理方式

智能布线管理系统管理目前主要有两种方式,即电子配线架智能化管理方式和配线智能化组件管理方式。

1) 电子配线架智能化管理方式

电子配线架与传统配线架相比具有很多领先功能,包括可电子跳线、端口实时检测、故障实时诊断、有源设备运行在线供电等功能。配套系统管理软件可提供与其连接 PC 机和网络设备的实时管理的网络数据库,针对系统内可管理的全部有源和物理无源元器件,以最短时间和最低的费用为手段,就能够顺利完成网络组件的移动、添加、变更、维护等,以及预置参数、浏览查阅、检索、内容审定等人机对话功能。

目前电子配线架的技术优势明显,价格稍高,但从技术发展的角度看价格的降低是大趋势,电子配线架或智能管理系统将会在综合布线网络管理中广泛应用。

2) 配线智能化组件管理方式

配线智能化管理组件方式适用于已经安装了传统的结构化布线系统,在保留原有配线架等设施的情况下,实现配线环节智能化管理。不再购置新的智能配线架等设施的情况下,加装智能配线管理组件系统。该方式可在不破坏原有配线架端接的条件下,部署在原有配线架的外层,达到把原有的无源布线配线架变成智能化管理的(电子)配线架类,进行智能配线管理运行操作目的。该系统采取与电子配线架智能化管理系统相同软件,功能与电子配线智能化管理系统基本相同。

两种方式均可采用布线彩色标识管理方式,即为配线架提供多种颜色或独立透明的标签夹,便于标识和管理。

3. 智能布线管理系统执行标准

目前电信基础设施管理的标准是 TIA/EIA-606 标准,该标准是商业建筑物电信基础设施管理标准,是目前国际上有关商业建筑物电信基础结构的唯一管理标准。管理基础设施包括以下几点。

(1)位于工作区、配线间、设备间和引入设施的终端部件。

(2)电信布线缆线和连接件。

(3)电信布线缆线路径、连接件位置、终端部件所在的位置。

(4)电信的接地与连接。

清华易训 E-PDS 智能布线管理软件提供上述布线智能化电子配线架管理方式,采用全图形化操作界面,通过鼠标拖拽即可完成所有操作。E-PDS 主要用于综合布线系统的实时状态反馈,引导跳线操作,并提供告警信息、链路状态、设备使用情况等查询功能。通过 E-PDS,可以全面、直观地掌握综合布线系统的信息。同时,其提供的报表导出功能,可以快速完成综合布线系统的数据输出,是职业院校日常实训教学和技能大赛考核的有力助手。

4.11　综合布线系统设计、施工、管理

【典型工作任务】

综合布线系统的设计、施工、管理涉及大量现场工作和实践经验。通过以下项目实训,学生能根据设计要求和工程规范组织施工,掌握常用布线工具的使用方法,掌握线槽、管的敷设技术,线缆施工技术,双绞线端接技术,光纤端接与交连技术,熟悉工程项目管理与工程监理的内容和方法。实训结构图如图 4-22 所示。

【实训方法】

按综合布线工程的运作模式对实训室模拟大楼或实际大楼进行施工、管理。

【实训步骤】

(1)布置网络综合布线工程任务(以实训室模拟大楼为例)。

(2)设立工程项目机构。全班设为一个工程经理部,设立经理、监理员、材料管理员等岗位;下设 8 个项目小组,每组 5～7 名同学,每小组设立项目经理、工地主任、安全员、布线工程师等岗位。

(3)分工。每项目小组一个工作区,每人安装一个信息点,两个项目小组安装一个管理间,全班统一完成设备间的安装。

(4)方案设计。画布线结构图、材料计算、制作计划施工进度表。

(5)布线施工。包括线槽安装,机柜安装,底盒安装等。

(6)布放线缆(Cat5e 类)安装信息模块,配线架,做跳线。

(7)线缆敷设。边布线、边测试。

(8)系统测试、系统验收。

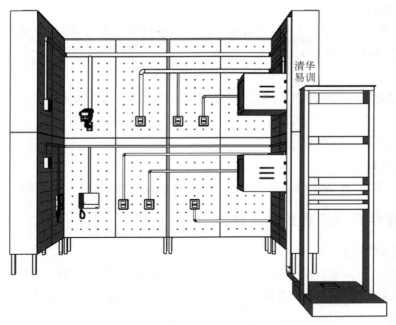

图 4-22　综合布线系统设计、施工、管理实训结构图

实训一　综合布线工程方案设计

【典型工作任务导引】

以一座建筑物大楼(学生宿舍、教学大楼、办公大楼等)为综合布线工程的设计目标,进行综合布线工程方案的设计。本实训以图 4-22 为例。

【实训技能要求】

通过实训掌握综合布线总体方案和各子系统的设计方法,熟悉一种施工图的绘制方法(AUTOCAD 或 VISIO),掌握设备材料预算方法、工程费用计算方法。设计内容需符合国家标准《综合布线系统工程设计规范》(GB 50311—2016)。

【实训任务】

(1) 工作区子系统设计。

(2) 水平子系统设计。

(3) 垂直子系统设计。

(4) 设备间子系统设计。

(5) 管理间子系统设计。

(6) 建筑群子系统设计。

(7) 进线间子系统设计。

(8) 总体方案设计。

【实训设备、材料和工具】

微型计算机或笔记本电脑、AUTOCAD 或 VISIO 软件。

【实训步骤】

（1）现场勘测大楼，从用户处获取用户需求和建筑结构图等资料，掌握大楼建筑结构，熟悉用户需求、确定布线路由和信息点分布。

（2）设计总体方案和各子系统。

（3）根据建筑结构图和用户需求绘制综合布线路由图，信息点分布图。

（4）综合布线材料设备预算。

（5）设计方案文档编写。

【实训重点】

网络拓扑结构、布线结构图、信息点分布图、布线路由图、材料预算方案。

实训二　综合布线工程技术文档

【实训技能要求】

熟悉网络综合布线工程中需要提交的技术文档的要求，学会绘制网络拓扑图、综合布线逻辑图、信息点分布图；学会制作配线架与信息点对照表、配线架与交换机端口对照表、交换机与设备间的连接表和光纤配线表等文档。

【实训步骤】

（1）绘制综合布线系统结构图，如图 4-23 所示。

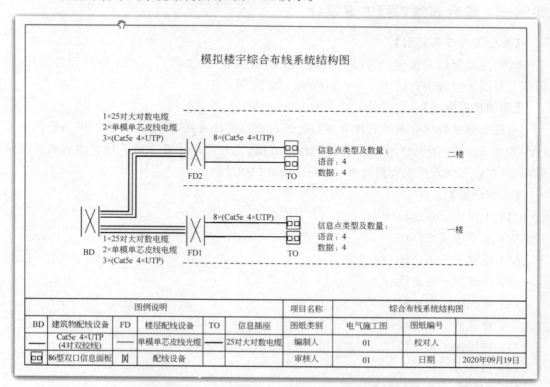

图 4-23　综合布线系统结构图

（2）绘制电气施工图，如图 4-24 所示。

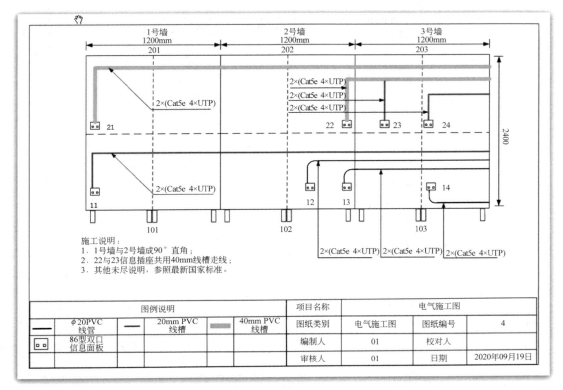

图 4-24　电气施工图

（3）绘制信息点点数统计表，如表 4-6 所示。

表 4-6　信息点点数统计表

项目名称：模拟楼宇网络布线工程 01　　　建筑物编号：01

楼层编号	信息点类别	房间序号			楼层信息点合计		信息点合计
		01	02	03	数据	语音	
1 楼	数据	1	2	1	4	—	8
	语音	1	2	1	—	4	
2 楼	数据	1	1	2	4	—	8
	语音	1	1	2	—	4	
信息点合计					8	8	16

编制人签字：张飞　　审核人签字：王老师　　日期：2020 年 09 月 19 日

（4）绘制信息点端口对应表，如表 4-7 所示。

（5）绘制施工材料统计表，如表 4-8 所示。

表 4-7　信息点端口对应表

项目名称：模拟楼宇网络布线工程 01　　　建筑物编号：01

序号	信息点端口对应表编号	房间编号	信息插座插口编号	楼层机柜编号	配线架编号	配线架端口编号
1	101-11D-FD1-W1-01	101	11D	FD1	W1	01
2	102-12D-FD1-W1-02	102	12D	FD1	W1	02
3	102-13D-FD1-W1-03	102	13D	FD1	W1	03
4	103-14D-FD1-W1-04	103	14D	FD1	W1	04
5	101-11Y-FD1-W2-05	101	11Y	FD1	W2	05
6	102-12Y-FD1-W2-06	102	12Y	FD1	W2	06
7	102-12Y-FD1-W2-07	102	13Y	FD1	W2	07
8	103-13Y-FD1-W2-08	103	14Y	FD1	W2	08
9	201-21D-FD2-W1-01	201	21D	FD2	W1	01
10	202-22D-FD2-W1-02	202	22D	FD2	W1	02
11	203-23D-FD2-W1-03	203	23D	FD2	W1	03
12	203-24D-FD2-W1-04	203	24D	FD2	W1	04
13	201-21Y-FD2-W2-05	201	21Y	FD2	W2	05
14	202-22Y-FD2-W2-06	202	22Y	FD2	W2	06
15	203-23Y-FD2-W2-07	203	23Y	FD2	W2	07
16	203-24Y-FD2-W2-08	203	24Y	FD2	W2	08

编制人签字：张飞　　　审核人签字：王老师　　　日期：2020 年 09 月 19 日

表 4-8　综合布线系统施工材料统计表

项目名称：模拟楼宇网络布线工程 01　　　建筑物编号：01

序号	材料名称	材料规格/型号	数量	单位
1	明装底盒	86 型	5	个
2	暗装底盒	86 型	3	个
3	双口信息面板	双口,86 型面板	8	个
4	信息模块	RJ 45,CAT5E	16	个
5	4 对双绞线	Cat5e 4×UTP	110	米
6	PVC 线槽	39mm×19mm	8	米
7	PVC 线槽配件	40	1	批
8	PVC 线槽	20	7	米
9	PVC 线槽配件	20mm×10mm 线槽配件	1	批
10	PVC 线管	φ20	7	米
11	锁母	φ20	3	个
12	PVC 直接	φ20 直接	6	个
13	PVC 弯头	φ20 弯头	3	个
14	φ20 管卡	φ20,PVC	24	个

续表

序号	材料名称	材料规格/型号	数量	单位
15	管理间机柜	19 英寸,9U	2	台
16	PVC 线管	φ50,PVC	5	米
17	φ50 管卡	φ50,PVC	6	个
18	φ50 弯头	φ50,PVC	3	个
19	φ50 三通	φ50,PVC	1	个
20	黄蜡管	φ50	1	米
21	黄蜡管	φ20	2	米
22	皮线光缆	单模,单芯	43	米
23	大对数电缆	Cat5e,25 对	14	米
24	BD 设备间机柜	19 英寸,35U	1	台
25	网络配线架	RJ 45 口,19 英寸,24 口	6	个
26	110 配线架	19 英寸,100 对	5	个
27	光纤终端盒	12 口,19 英寸,1U	3	个
28	SC 冷接子	预埋式 SC 冷接子	2	盒
29	SC 耦合器	SC	36	个
30	单模光纤跳线	SC-SC,3 米	2	根
31	连接块	4 对连接块	7	个
32	连接块	5 对连接块	23	个
33	水晶头	RJ 45	50	个
34	水晶头	RJ 11	6	个
35	辅材	标签、M6 螺丝、扎带、无尘纸、无水酒精等	1	批

编制人签字:张飞　　审核人签字:王老师　　日期:2020 年 09 月 19 日

实训三　综合布线常用材料加工工具使用

　　射钉器(射钉枪)、冲击钻、台钻、切割机、角磨机,是综合布线系统中常用的材料加工工具,这些工具具有一定的危险性,实训教学过程中,需要严格执行安全操作规程,具体如表 4-9 所示。

表 4-9　综合布线常用材料加工工具操作规程

序号	工具	操 作 规 程
1	切割机、台钻操作规程	(1) 切割机、台钻使用前必须熟读说明,规范操作 (2) 学生使用须经当堂任课教师同意后方可操作 (3) 使用前应检查机器,保证机器接地良好、不漏电,砂轮片完整、无裂纹 (4) 开机后先空运转一分钟左右,判断运转正常后方可使用 (5) 不能碰撞、移动切割机;使用时,注意周围环境,严禁打闹 (6) 操作台钻时,工件应用台钳夹持好,装好钻头,注意速度;单人操作,不能戴手套 (7) 设备使用结束后,切断电源,放好工具,打扫干净

序号	工具	操 作 规 程
2	角磨机（打磨器）操作规程	（1）操作前，戴保护眼罩 （2）打开电源开关后，等待砂轮转动稳定后才能工作 （3）佩戴安全帽，长发必须盘起，注意安全 （4）切割方向不能向着人 （5）连续工作半小时后要停十五分钟 （6）不能用手握住小零件对角磨机进行加工 （7）工作完成后自觉清洁工作环境
3	射钉枪安全技术操作规程	（1）操作人员要掌握射钉枪性能，并能拆卸和组装 （2）射钉枪弹药分黑（强）、红（弱），射钉螺纹有 M6、M8 两种 （3）枪管内不许有杂物（如钉和弹的残余物），应保持清洁 （4）使用前，检查射钉枪防误射的安全装置是否动作可靠，操作灵活。严禁使用安全装置动作失灵的射钉枪 （5）射钉枪操作前，应按照先钉后药的顺序将钉、弹装入枪内。不管是否有钉和弹，严禁枪口对人 （6）使用时，枪内放入所需射钉和射钉弹，枪口朝下，关枪到位；枪口紧顶施工面，掀下按钮，扳动扳机扣；作业后开枪退壳 （7）射击的基体必须牢固、坚实，并具有抵抗射击冲击的刚度，在薄墙、轻质墙体射击时，对面不准站人，以防击穿伤人 （8）发现枪的操作部件不灵活时，必须及时取出钉、弹，排除故障，不可随便敲击 （9）子弹切勿受潮，不要放在高热物件上，也不要随意撞击

实训四　综合布线线槽、管的施工技术

在布线路由确定以后，首先考虑的是线槽铺设。线槽从使用材料的角度可分为金属槽、管，塑料（PVC）槽、管。从布槽范围的角度可分为工作间线槽、水平干线线槽、垂直干线线槽。

1. 金属管的铺设

1）金属管的加工要求

综合布线工程使用的金属管应符合设计文件的要求，表面不应有穿孔、裂缝和明显的凹凸不平，内壁应光滑，不允许有锈蚀。在易受机械损伤的地方和在受力较大处直埋时，应采用足够强度的管材。

金属管的加工应符合下列相关技术要求。

（1）为了防止穿电缆时划伤电缆，管口应无毛刺和尖锐棱角。

（2）为了减小直埋管在沉陷时管口处对电缆的剪切力，金属管口宜做成喇叭形。

（3）金属管在弯制后，不应有裂缝和明显的凹瘪现象。弯曲程度过大，将减小金属管的有效管径，导致穿设电缆困难。

（4）金属管的弯曲半径不应小于所穿入电缆的最小允许弯曲半径。

（5）镀锌管锌层剥落处应涂防腐漆，可增加使用寿命。

2）金属管切割套丝

在配管时，应根据实际需要长度，对管子进行切割。管子的切割可使用钢锯、管子切割刀或电动机切管机，严禁用气割。管子和管子连接，管子和接线盒、配线箱的连接，都需要在管子端部进行套丝。焊接钢管套丝，可用管子绞板（俗称代丝）或电动套丝机。硬塑料管套丝，可用圆丝板。套丝时，先将管子在管子压力上固定压紧，然后再套丝。若利用电动套丝机，可提高工作效率。套完丝后，应随时清扫管口，将管口端面和内壁的毛刺用锉刀锉光，使管口保持光滑，以免割破线缆绝缘护套。

3）金属管弯曲

在敷设金属管时应尽量减少弯头。每根金属管的弯头不应超过 3 个，直角弯头不应超过 2 个，并且，不应有 S 弯出现。弯头过多，将造成穿电缆困难。对于较大截面的电缆不允许有弯头。当实际施工中不能满足要求时，可采用内径较大的管子或在适当部位设置拉线盒，以利于线缆的穿设。金属管的弯曲一般都用弯管器进行。先将管子需要弯曲部位的前段放在弯管器内，焊缝放在弯曲方向背面或侧面，以防管子弯扁，然后用脚踩住管子，手扳弯管器进行弯曲，并逐步移动弯管器，使可得到所需要的弯度，弯曲半径应符合下列要求。

（1）明配时，一般不小于管外径的 6 倍；只有一个弯时，可不小于管外径的 4 倍；整排钢管在转弯处，宜弯成同心圆的弯。

（2）暗配时，不应小于管外径的 6 倍；敷设于地下或混凝土楼板内时，不应小于管外径的 10 倍。

4）金属管的连接要求

金属管连接应牢固，密封应良好，两管口应对准。套接的短套管或带螺纹的管接头的长度不应小于金属管外径的 2.2 倍，保证牢固、密封。金属管进入信息插座的接线盒后，暗埋管可用焊接固定，管口进入盒的露出长度应小于 5mm。明设管应用锁紧螺母或管帽固定，露出锁紧螺母的丝扣为 2～4 扣。引至配线间的金属管口位置，应便于与线缆连接。并列敷设的金属管口应排列有序，便于识别。

（1）金属管暗敷。预埋在墙体中间的金属管内径不宜超过 50mm，楼板中的管径宜为 15～25mm，直线布管 30m 处设置暗线盒。敷设在混凝土、水泥里的金属管，其地基应坚实、平整、不应有沉陷，以保证敷设后的线缆安全运行。金属管连接时，管孔应对准，接缝应严密，不得有水和泥浆渗入。管孔对准无错位，以免影响管路的有效管理，保证敷设线缆时穿设顺利。金属管道应有不小于 0.1% 的排水坡度。建筑群之间金属管的埋没深度不应小于 0.8m；在人行道下面敷设时，不应小于 0.5m。金属管内应安置牵引线或拉线，金属管的两端应有标记，表示建筑物、楼层、房间和长度。

（2）金属管明敷。金属管应用卡子固定，外表美观，方便拆卸。金属管的支持点间距，有要求时应按照规定设计。无设计要求时不应超过 3m。在距接线盒 0.3 m 处，用管卡将管子固定。在弯头的地方，弯头两边也应用管卡固定。

（3）光缆与电缆同管敷设。应在暗管内预置塑料子管。将光缆敷设在子管内，使光缆和电缆分开布放。子管的内径应为光缆外径的 2.5 倍。

2. 金属槽的铺设

金属桥架多由厚度为 0.4～1.5mm 的钢板制成。金属桥架分为槽式和梯式两类。槽式桥架是指由整块钢板弯制成的槽形部件；梯式桥架是指由侧边与若干个横档组成的梯形部件。桥架附件是用于直线段之间,直线段与弯通之间连接所必需的连接固定或补充直线段、弯通功能部件。支吊架是指直接支撑桥架的部件,包括托臂、立柱、立柱底座、吊架以及其他固定用支架。

根据工程环境、重要性和耐久性,选择适宜的防腐处理方式。一般腐蚀较轻的环境可采用镀锌冷轧钢板桥架;腐蚀较强的环境可采用镀镍锌合金纯化处理桥架,也可采用不锈钢桥架。综合布线中所用线缆的性能,对环境有一定的要求。工程中常选用有盖无孔型槽式桥架(简称线槽)。

1) 线槽安装要求

安装线槽应在土建工程基本结束以后,与其他管道(如风管、给排水管)同步进行,也可比其他管道稍迟一段时间安装。但尽量避免在装饰工程结束以后进行安装,以免敷设线缆困难。安装线槽应符合下列要求。

(1) 线槽安装位置应符合施工图规定,左右偏差视环境而定,最大不超过 50mm。

(2) 线槽水平度每米偏差不应超过 2mm。

(3) 垂直线槽应与地面保持垂直,并无倾斜现象,垂直度偏差不应超过 3mm。

(4) 线槽节与节间用接头连接板拼接,螺丝应拧紧;两线槽拼接处水平偏差不应超过 2mm。

(5) 当直线段桥架超过 30m 或跨越建筑物时,应有伸缩缝;其连接宜采用伸缩连接板。

(6) 线槽转弯半径不应小于其槽内的线缆最小允许弯曲半径的最大者。

(7) 盖板应紧固,并且要错位盖槽板。

(8) 支吊架应保持垂直、整齐牢固、无歪斜现象。

为了防止电磁干扰,宜用辫式铜带把线槽连接到其经过的设备间,或楼层配线间的接地装置上,并保持良好的电气连接。

2) 水平子系统线缆敷设支撑保护要求

水平子系统线缆敷设包括预埋金属线槽与设置线槽支撑保护两部分。

预埋金属线槽支撑保护要求应符合下列规定。

(1) 在建筑物中预埋线槽可为不同的尺寸,按一层或二层设备,应至少预埋二根以上,线槽截面高度不宜超过 25mm。

(2) 线槽直埋长度超过 15m 或在线槽路由交叉、转变时宜设置拉线盒,以便布放和维护线缆。

(3) 接线盒盖应能开启,并与地面齐平,盒盖处应采取防水措施。

(4) 线槽宜采用金属引入分线盒内。

设置线槽支撑保护要求应符合下列要求。

(1) 水平敷设时,支撑间距一般为 1.5~2m,垂直敷设时固定在建筑物构体上的间距宜小于 2m。

(2) 金属线槽敷设时,在下列情况下设置支架或吊架:线槽接头处、间距 1.5~2m、离开线槽两端口 0.50m 处、转弯处。

(3) 在活动地板下敷设缆线时,活动地板内净空应不小于 150mm。如果活动地板内作为通风系统的风道使用时,地板内净高应不小于 300mm。

(4) 塑料线槽底固定点间距一般为 1m。

（5）采用公用立柱作为吊顶支撑柱时，可在立柱中布放线缆。立柱支撑点宜避开沟槽和线槽位置，支撑应牢固。

（6）在工作区的信息点位置和线缆敷设方式未定的情况下，或在工作区采用地毯下布放线缆时，在工作区宜设置交接箱，每个交接箱的服务面积约为 80cm^2。

（7）不同种类的线缆布放在金属线槽内，应同槽分室（用金属板隔开）布放。

3. 塑料管的铺设

塑料管一般是在工作区暗埋线槽，操作时要注意以下两点。

（1）管转弯时，弯曲半径要大，便于穿线。

（2）管内穿线不宜太多，要留有 50% 以上的空间。

4. 塑料槽的铺设

塑料槽的规格有多种，塑料槽的铺设从理论上讲类似金属槽，但操作上有所不同，具体表现为以下三种方式。

（1）在天花板吊顶，打吊杆或托式桥架。

（2）在天花板吊顶外，采用托架桥架铺设。

（3）在天花板吊顶外，采用托架加配定槽铺设。

采用托架时，一般在 1m 左右安装一个托架。固定槽时一般 1m 左右安装固定点。固定点是指把槽固定的地方，根据槽的大小，设置固定点需注意以下几点要求。

（1）（25×20）～（25×30）规格的槽，一个固定点应有 2～3 个固定螺丝，并水平排列。

（2）25×30 以上的规格槽，一个固定点应有 3～4 个固定螺丝，呈梯形状，使槽受力点分散分布。

（3）除了固定点外，应每隔 1m 左右，钻 2 个孔，用双绞线穿入，待布线结束后，把所布的双绞线捆扎起来。

水平干线、垂直干线布槽的方法一样，区别在于，前者是横布槽，后者是竖布槽。在水平干线与工作区交接处，不易施工时，可采用金属软管（蛇皮管）或塑料软管连接。

5. 槽管大小选择的计算方法

$n=$ 槽（管）截面面积×70%×（40%～50%）/线缆截面面积。

n：表示用户所要安装的线缆数。

70% 表示布线标准规定允许的空间。

40%～50% 表示线缆之间浪费的空间。

实训五　综合布线线缆施工技术

1. 布线工程开工前的准备工作

布线工程根据需求，确定好方案后，需开始如下准备工作。

（1）设计综合布线实际施工图，确定布线的走向位置，供施工人员、督导人员和主管人员使用。

（2）开始备料，网络工程施工过程需要许多施工材料，这些材料有的必须在开工前就备好，有的可以在开工过程中备料。备料种类包括：光缆、双绞线、插座、信息模块、服务器、稳压电源、集线器等。落实购货厂商，并确定提货日期；不同规格的塑料槽板、PVC 防火管、蛇皮管、自攻螺丝等布线用料就位;如果机柜是集中供电,则准备好导线、铁管和制定好电气设备安全措施(供电线路必须按民用建筑标准规范进行)。

(3) 向工程单位提交开工报告。

2. 施工过程中的注意事项

(1) 施工现场督导人员要认真负责,及时处理施工进程中出现的各种情况,协调处理各方意见。

(2) 如果现场施工碰到不可预见的问题,应及时向工程单位汇报,并提出解决办法,供工程单位当场研究解决,以免影响工程进度。

(3) 对工程单位计划不周的问题,要及时妥善解决。

(4) 对工程单位新增加的点要及时在施工图中反映出来。

(5) 对部分场地或工段要及时进行阶段检查验收,确保工程质量。

(6) 制订工程进度表。

在制订工程进度表时,要留有余地,还要考虑其他工程施工可能对本工程带来的影响,避免出现不能按时完工、交工的问题。

3. 路由选择技术

两点间最短的距离是直线,但对于布线来说,直线不一定是最好、最佳的路由。在选择最容易布线的路由时,要考虑便于施工,便于操作,不惜花费更多的线缆。对于一个有经验的施工者来说,"宁可使用额外的 1000m 线缆,而不使用额外的 100 工时",因为通常线缆费用要比劳动力成本费用便宜。

如何布线要根据建筑结构及用户的要求来决定。选择好的路径时,布线设计人员要考虑以下几点。

(1) 了解建筑物的结构。

(2) 检查拉(牵引)线。

(3) 确定现有线缆的位置。

(4) 提供线缆支撑。

(5) 拉线速度。

(6) 最大拉力。

拉力过大,线缆变形,将引起线缆传输性能下降。线缆最大允许的拉力如下。

一根 4 对线电缆,拉力为 100N;二根 4 对线电缆,拉力为 150N;三根 4 对线电缆,拉力为 200N;N 根线电缆,拉力为 $N \times 5 + 50$N;不管多少根线对电缆,最大拉力不能超过 400N。

4. 线缆牵引技术

用一条拉线(通常是一条绳)或一条软钢丝绳将线缆牵引穿过墙壁管路、天花板和地板管。标准的双绞线线缆很轻,通常不要求做更多的准备,只要将它们用电工带子与拉绳捆扎在一起即可。

如果牵引多条双绞线缆穿过一条路由,可用下列方法。

(1) 将多条线缆聚集成一束,并使它们的末端对齐。

(2) 用电工带或胶布紧绕在线缆束外面,在末端外绕 50～100mm 长距离即可。

（3）将拉绳穿过电工带缠好的线缆，并打好结。

如果在拉线缆过程中，连接点散开，则要收回线缆和拉绳重新制作更牢固的连接，为此，可以采取下列一些措施。

（1）除去一些绝缘层以暴露出 50～100mm 的裸线。

（2）将裸线分成两条。

（3）将两条导线互相缠绕起来形成环。

5. 建筑物主干线电缆连接技术

主干缆是建筑物的主要线缆，它为从设备间到每层楼上的管理间之间传输信号提供通路。在新的建筑物中，通常有竖井通道。

在竖井中敷设主干缆一般有两种方式：向下垂放电缆和向上牵引电缆。相比较而言，向下垂放比向上牵引容易。

6. 建筑群间电缆线布线技术

在建筑群中敷设线缆，一般采用两种方法，即地下管道敷设和架空敷设。

1）地下管道敷设线缆

在管道中敷设线缆时，会遇到包括"小孔到小孔""在小孔间的直线敷设""沿着拐弯处敷设"三种情况。可用人和机器来敷设线缆，具体采用哪种方法取决于三个因素：一是管道中有没有其他线缆，二是管道中有多少拐弯，三是线缆有多粗和多重。

2）架空敷设线缆

架空线缆敷设时，一般步骤如下。

（1）电杆以 30～50m 的间隔距离为宜。

（2）根据线缆的质量选择钢丝绳，一般选 8 芯钢丝绳。

（3）先接好钢丝绳。

（4）架设光缆。

（5）每隔 0.5m 架一挂钩。

7. 建筑物内水平布线技术

建筑物内水平布线，可选用暗道、天花板、墙壁线槽等形式需根据施工现场情况，选择最佳施工方案。

1）暗道布线步骤

沿着浇筑混凝土时已把管道预埋好地板管道（管道内有牵引电缆线的钢丝或铁丝，不影响建筑物美观）拉线端，从管道的另一端牵引拉线就可将缆线达到配线间。

2）天花板顶内布线步骤

（1）确定布线路由。

（2）沿着所设计的路由，打开天花板。

（3）假设要布放 24 条 4 对的线缆，到每个信息插座安装孔有两条线缆；可将线缆箱放在一起并使线缆接管嘴向上。每组有 6 个线缆箱，共有 4 组。

（4）加标注。在箱上写标注，在线缆的末端注上标号。

（5）在离管理间最远的一端开始，拉到管理间。

3）墙壁线槽布线步骤

（1）确定布线路由。

（2）沿着路由方向放线（讲究直线美观）。

（3）线槽每隔 1m 要安装固定螺钉。

（4）布线（布线时线槽容量为 70%）。

（5）盖塑料槽盖。盖槽盖应错位盖。

实训六　综合布线工程验收

【典型工作任务导引】

在实际工程项目中，验收工作对用户至关重要，关系到用户是否可以获得一个满意合格、符合工程设计和要求的项目。

验收是保障综合布线系统工程质量的一个重要环节，它全面考核整个工程的建设情况，检验整个工程的整体质量。验收不仅是竣工验收，它应该贯穿于综合布线工程的整个过程，包括施工前检查、随工检验、初步检验、竣工验收等几个阶段。验收也不仅是综合布线工程的线缆系统测试验收，它还和土建工程、其他弱电系统和供电系统密切相关，而且也涉及其他设备、行业的接口处理。因此，验收内容涉及面广泛，验收时要根据设计要求和相关行业标准与规范来执行。综合布线工程的验收，要遵循国家标准《综合布线工程验收规范》（GB/T 50312—2016）。

【实训技能要求】

掌握现场验收的内容和过程，掌握验收文档的内容。

【实训任务】

由老师带领监理员、项目经理、布线工程师对工程施工质量进行现场验收，对技术文档进行审核验收。根据具体情况，以一座实际大楼（学生宿舍、教学大楼、办公大楼等）或模拟大楼工程装置，如清华易训 PDS 模拟实训系统为目标，进行综合布线系统工程验收。

【实训步骤】

综合布线工程验收包括现场验收、技术文档验收和竣工报告，具体验收内容如表 4-10 所示。

表 4-10　综合布线工程验收内容

验收类别	验收区域	验 收 内 容
现场验收	工 作 区 子系统	（1）线槽走向、布线是否美观大方，符合规范 （2）信息座是否按规范进行安装 （3）信息座安装是否做到一样高、平、牢固 （4）信息面板是否固定牢靠 （5）标志是否齐全
	水平干线子系统	（1）槽安装是否符合规范 （2）槽与槽、槽与槽盖是否接合良好 （3）托架、吊杆是否安装牢靠 （4）水平干线与垂直干线、工作区交接处是否出现裸线，是否按规范操作 （5）水平干线槽内的线缆是否固定 （6）接地是否正确

续表

验收类别	验收区域	验 收 内 容
现场验收	垂直干线子系统	垂直干线子系统的验收除了类似水平干线子系统的验收内容外,楼层与楼层之间的洞口是否封闭,防止火灾出现时成为一个隐患点。线缆是否按间隔要求固定,拐弯线缆是否留有弧度
	管理间、设备间子系统	(1) 检查机柜安装的位置是否正确;规定、型号、外观是否符合要求 (2) 跳线制作是否规范,配线面板的接线是否美观整洁
	线缆布放	(1) 线缆规格、路由是否正确 (2) 对线缆的标号是否正确 (3) 线缆拐弯处是否符合规范 (4) 竖井的线槽、线固定是否牢靠 (5) 是否存在裸线 (6) 竖井层与楼层之间是否采取了防火措施
	架空布线	(1) 架设竖杆位置是否正确 (2) 吊线规格、垂度、高度是否符合要求 (3) 卡挂钩的间隔是否符合要求
	管道布线	(1) 使用管孔、管孔位置是否合适 (2) 线缆规格是否符合要求 (3) 线缆走向路由是否合适 (4) 防护设施是否符合要求
技术文档验收		(1) Fluke 的 UTP 认证测试报告(电子文档) (2) 网络拓扑图 (3) 综合布线逻辑图 (4) 信息点分布图 (5) 机柜布局图 (6) 配线架上信息点分布图
竣工报告		表 4-11 综合布线系统竣工报告(以清华易训技能大赛设备为例)

表 4-11　综合布线系统竣工报告

项目名称	模拟楼宇网络布线工程 01
设计依据	①GB 50311—2016;②GB/T 50312—2016;③GB 50348—2018
项目概况	利用实训装置和器材,模拟两层楼宇网络布线系统工程项目的设计与施工。以模拟实训仿真装置的两层楼宇,结合项目要求,完成此项目的设计任务。完成模拟两层楼宇的工作区子系统、水平布线子系统,管理间子系统、垂直子系统的安装施工任务;完成管理间与设备间的连接与配线施工任务;完成线缆的端接与测试任务。最终完成本项目的设计、安装、调试、验收及竣工资料撰写
项目施工内容	第一部分:项目设计 　　根据项目要求完成本项目的系统图、安装施工图、信息点点数统计表、端口对应表及耗材统计表等设计内容,并进行了铜缆端接、室外光缆熔接

续表

项目名称	模拟楼宇网络布线工程 01	
项目施工内容	第二部分：施工过程 　　根据项目要求，按照规范的工序和工艺标准完成了工作区子系统中 5 个明装底盒、3 个暗装底盒的安装；完成了水平配线子系统中 ϕ20 线管、39×19 线槽、20×10 线槽的安装及超五类双绞线的敷设；完成了 8 个信息模块和 8 个语音模块安装与端接；完成了干线子系统中 ϕ50 线管的安装与大对数电缆、皮线光缆、超五类双绞线等线缆的敷设；并完成管理间、设备间的机柜配线架的安装与线缆配线端接等任务。 　　施工过程中，还完成了测试链路端接、复杂链路端接、光纤测试等任务	
竣工总结	依据最新国家标准，严格按照工程要求，顺利完成了本项目的设计任务；在施工过程中，严格按照技术规范、设计图纸进行施工，在质量上达到合格标准。经过调试与测试，整个项目工况良好，达到预期设计目标，圆满完成了模拟楼宇网络布线工程的设计和施工任务	
编制人	张飞	审核人　　　　　　　王老师
日期	2020 年 09 月 19 日	

第 5 章

光纤到用户单元通信布线系统

5.1 光纤到用户单元系统介绍

5.1.1 光纤到用户单元

光纤到用户单元通信设施是最新国家标准《综合布线系统工程设计规范》(GB 50311—2016)新引入的部分。

FTTx 是新一代的光纤用户接入网,用于连接电信运营商和终端用户。FTTx 的网络既可以是有源光纤网络,也可以是无源光网络。由于有源光纤网络的成本相对较高,在实际用户接入网中应用很少,所以目前通常所指的 FTTx 网络采用的一般都是无源光纤网络。

根据光纤到用户的距离,光纤接入可分为以下几种服务形式,如表 5-1 所示。

表 5-1 FTTx 光纤接入服务形态

x 项	分 类	简称	服 务 形 态
x＝C	Fiber To The Curb	FTTC	光纤到路边
x＝B	Fiber To The Building	FTTB	光纤到建筑物、大楼
x＝H	Fibre To The Home	FTTH	光纤到户
x＝P	Fibre To The Premises	FTTP	光纤到驻地
X＝Z	Fibre To The Zone	FTTZ	光纤到小区
x＝N	Fibre To The Node	FTTN	光纤到节点
x＝O	Fiber To The Office	FTTO	光纤到办公室
x＝SA	Fiber To The Service Area	FTTSA	光纤到服务区

表 5-1 中的服务可统称为 FTTx,下面介绍表 5-1 中前 5 种常见的 FTTx 服务形态。

1. FTTC

FTTC 为目前最主要的服务形式,主要为住宅区的用户服务,将 ONU 设备放置于路边机箱,利用 ONU 出来的同轴电缆传送 CATV 信号或使用双绞线提供电话及上网服务。最初 FTTC 的传输速率为 155Mbps。FTTC 与交换局之间的接口采用 ITU-T 制定的接口标准 V5。

2. FTTB

FTTB 依服务对象的不同区分为两种,一种是面向公寓大厦的用户服务,另一种是面向商业大楼的公司行号服务,两种服务方式都将 ONU 设置在大楼的地下室配线箱处,只是公寓大厦的 ONU 是 FTTC 的延伸,而商业大楼中的 ONU 则服务中大型企业单位,必须提高传输速率,以提供高速的数据、电子商务、视频会议等宽带服务。

3. FTTH

国际电信联盟认为从光纤端头的光电转换器(或称为媒体转换器 MC)到用户桌面不超过 100m 的情况才是 FTTH。FTTH 将光纤的距离延伸到终端用户家里,使家庭内能提供各种不同的宽带服务,如高清电视、高清视频点播、网络上课、家庭网上购物等。搭配WLAN 技术,将使得宽带与移动结合,达到宽带数字家庭的目标。目前,在我国大多数大中小城市住宅小区,甚至包括大部分经济发达地区的农村居民家庭都已经实现了宽带数字家庭的梦想。

4. FTTP

FTTP,意为将光缆一直扩展到家庭或企业。由于光纤可提供比最后 1km 使用的双绞线或同轴电缆更大的带宽,因此运营商利用它来提供语音、视频和数据服务。FTTP 具有25～50Mbps 或更高的速率,相比之下,其他类型的宽带服务的最大速率为 5～6Mbps。此外 FTTP 还支持全对称服务。

5. FTTZ

FTTZ(Fiber To The Zone),指光纤到小区。其实 FTTZ 并不是一个真正的术语,其含义可泛指将光纤引入有人居住的小区。FTTZ 入户接入方式可采取 FTTZ＋EPON 或FTTZ＋GPON,早期接入小区的 ONU 安装在设于住宅楼楼道或者弱电井里的多媒体网络箱中,然后通过超五类线接入用户家中。现在绝大多数采用皮线光纤直接进入用户家中家庭信息箱的光网络单元设备如光猫,可提供 1000Mbps 以上的上网速率。

5.1.2　FTTx 解决方案

FTTx 技术主要用于接入网络光纤化,范围从区域电信机房的局端设备到用户终端设备,局端设备为光线路终端(optical line terminal,OLT)、用户端设备为光网络单元(optical network unit,ONU)或光网络终端(optical network terminal,ONT)。

光纤连接光网络单元主要有两种方式,一种是点对点形式拓扑(point to point,P2P),从中心局到每个用户都用一根光纤;另外一种是使用点对多点形式拓扑方式(point to multi-point,P2MP)的无源光网络(passive optical network;PON)。

对于具有 N 个终端用户的距离为 Mkm 的无保护 FTTx 系统,如果采用点到点的方案,需要 $2N$ 个光收发器和 NM km 的光纤。但如果采用点到多点的方案,则需要 $N+1$ 个光收发器、一个或多个(视 N 的大小)光分路器和大约 Mkm 的光纤。因此采用点到多点的方案,大大地降低了光收发器的数量和光纤用量,并降低了中心局所需的机架空间,有着明显的成本优势。

1. 点到点的 FTTx 解决方案

点到点直接光纤连接具有容易管理、没有复杂的上行同步技术和终端自动识别等优点。另外上行的全部带宽可被一个终端所用,有利于带宽的扩展。但是这些优点并不能抵消它在器件和光纤成本方面的劣势。

Ethernet＋Media Converter 是一种过渡性的点到点 FTTH 方案,此种方案使用媒体转换器(media converter,MC)方式将电信号转换成光信号进行长距离传输。其中,MC 是一个单纯的光电/电光转换器,它并不对信号包做加工,因此成本低廉。

Ethernet＋MC 方案的好处是对于已有的电的 Ethernet 设备只需要加上 MC 即可,不必更换支持光纤传输的网卡,可以减少用户升级的成本,是点对点 FTTH 方案过渡期间网络的解决方案。由于其技术架构相当简单、便宜并直接结合以太网络而一度成为日本 FTTH 的主流。

2. 点到多点的 FTTx 解决方案

在光接入网中,如果光配线网(ODN)全部由无源器件组成,不包括任何有源节点,则这种光接入网就是 PON。PON 的架构主要是将从光纤线路终端设备 OLT 下行的光信号,通过一根光纤经由无源器件 Splitter(光分路器),将光信号分路广播给各用户终端设备 ONU/T,这样就大幅减少网络机房及设备维护的成本,更节省了大量光缆资源等建置成本,PON 因而成为 FTTH 最新热门技术。

3. PON 接入网技术

PON 作为一种接入网技术,定位在常说的“最后 1km”,也就是在服务提供商、电信局端和商业用户或家庭用户之间的解决方案。

随着宽带应用越来越多,尤其是视频和端到端应用的兴起,人们对带宽的需求越来越强烈。在高的带宽需求下,传统的技术将无法胜任,而 PON 技术却可以大显身手。

PON 一般由光线路终端(OLT)、分光器(ODU)和用户终端(ONU)三个部分构成。目前广泛应用的 PON 技术包括 EPON 和 GPON 两种主流技术,EPON 上下行带宽均为 125Gbps,GPON 下行带宽为 2.5Gbps,上行带宽为 1.25Gbps。

5.1.3 无源光网络

无源光网络(passive optical network,PON),是指光配线网中不含有任何电子器件及电子电源,光配线网全部由光分路器等无源器件组成,不需要贵重的有源电子设备。

一个无源光网络包括一个安装于中心控制站的 OLT,以及一批配套的安装于用户场所的 ONU。在 OLT 与 ONU 之间的 ODN 包含了光纤以及无源分光器或者耦合器。

GPON(gigabit-capable PON) 技术是基于 ITU-TG.984.x 标准的宽带无源光综合接入标准,具有高带宽、高效率、大覆盖范围、用户接口丰富等众多优点,被大多数运营商视为实现接入网业务宽带化,综合化改造的理想技术。

PON 具有如下优势。

(1) 成本相对低,维护简单,容易扩展,易于升级。PON 结构在传输途中不需电源,没有电子部件,因此容易铺设,基本不用维护,有效节省长期运营成本和管理成本。

(2) 无源光网络是纯介质网络,彻底避免了电磁干扰和雷电影响,极适合在自然条件恶劣的地区使用。

(3) PON 系统对局端资源占用少,系统初期投入低,扩展容易,投资回报率高。

(4) 提供非常高的带宽。EPON 可以提供上下行对称的 1.25Gbps 的带宽,并且随着以太技术的发展可以升级到 10Gbps。GPON 则是高达 2.5Gbps 的带宽。

（5）服务范围大。PON 作为一种点到多点网络，以一种扇形的结构来节省 CO 的资源，服务大量用户。用户共享局端设备和光纤的方式节省用户投资。

（6）带宽分配灵活，服务质量（QOS）有保证。G/EPON 系统对带宽的分配和保证都有一套完整的体系，可以实现用户级的服务等级协议（Service Level Agreement，SLA）。

5.1.4　无源光局域网

无源光局域网（passive optical lan，POL）是基于 PON/10GPON 的技术，依托无源光纤（optical distribution network，ODN）网络，融合数据、语音和视频，实现光纤到末端的解决方案，无源光局域网如图 5-1 所示。POL 继承了 PON 网络高带宽、高可靠性、扁平化、易部署和易管理等优点。

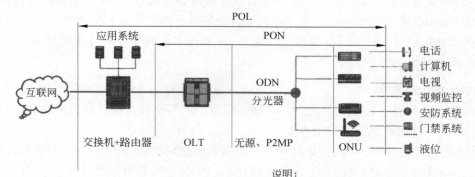

说明：
OLT: Optical Line Terminal(光线路终端)
ONU: Optical Network Unit(光网络单元)
ODN: Optical Distribution Network(光分配网络)

图 5-1　无源光局域网

办公楼无源光局域网如图 5-2 所示。服务器机房通常设置在一楼，设置有光纤配线箱等线缆管理产品。办公楼的各个楼层有时也需要配备配线箱、配线柜等产品。光分路器用来将服务器机房内的信号平均分配给各个光网络单元，光网络单元通过光纤跳线和光纤信息面板与光分路器连接。最后，终端网络设备通过网络跳线来连接光网络单元。

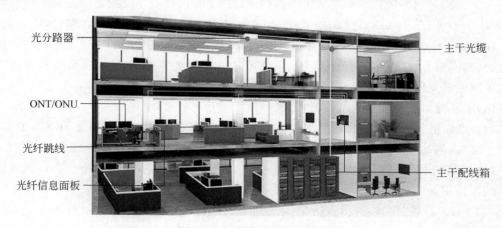

图 5-2　办公楼无源光局域网

5.2　光纤布线系统

综合布线系统中,当铜介质(双绞线、大对数线缆等)在传输距离和带宽不能满足要求时,则采用光纤布线系统。综合布线光纤系统如图 5-3 所示。

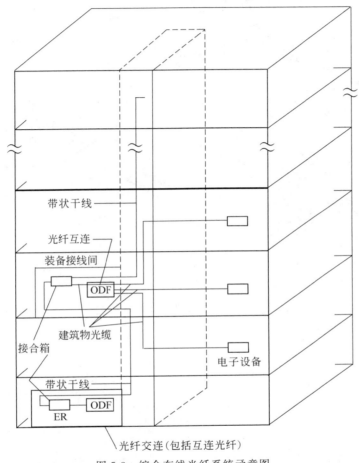

图 5-3　综合布线光纤系统示意图

光纤布线系统分为垂直干线子系统和水平布线子系统,干线系统由设备间的建筑物光纤配线架出发通过楼层接线间的光纤配线设备连接水平子系统,最终到达光纤信息插座。信息插座光纤连接器示意图如图 5-4 所示。

在综合布线系统中,建筑群子系统及干线子系统线缆宜采用光纤介质。光纤传输信道可以提供更高的传输速率(10Gbps)、更长的传输距离(5～40km),且不受电磁干扰。光纤传输系统能满足建筑物与建筑群环境对语音、数据、视频等综合传输的要求。

在整个综合布线系统中,根据实际需要也可以采用将光纤传输作为干线路由,铜缆传输作配线路由的光纤铜缆混合网,如用光缆作建筑群子系统或垂直干线子系统等。光纤信道构成的种类如图 5-5～图 5-7 所示。

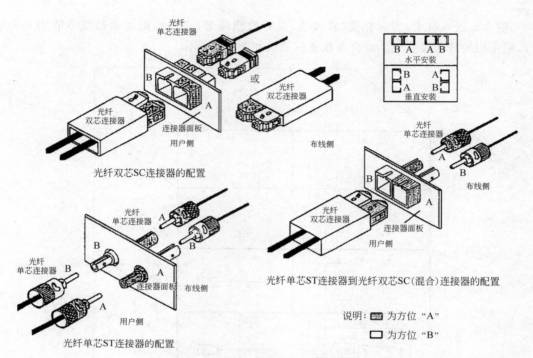

图 5-4　信息插座光纤连接器示意图

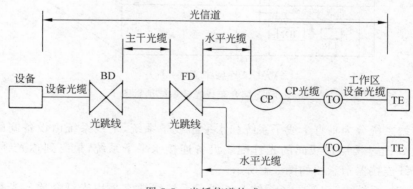

图 5-5　光纤信道构成一

　　2013 年 4 月 1 日起实施的《住宅区和住宅建筑内光纤到户通信设施工程设计规范》(GB 50846—2012),明确以下 3 条强制条款。

　　1.0.3　住宅区和住宅建筑内光纤到户通信设施工程的设计,必须满足多家电信业务经营者平等接入、用户可自由选择电信业务经营者的要求。

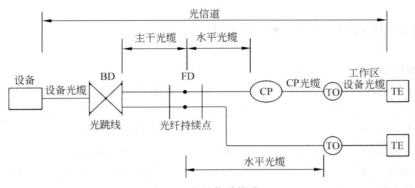

图 5-6　光纤信道构成二

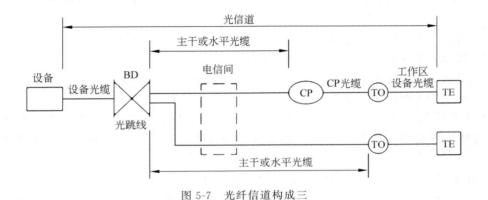

图 5-7　光纤信道构成三

1.0.4　在公用电信网络已实现光纤传输的县级及以上城区,新建住宅区和住宅建筑的通信设施应采用光纤到户方式建设。

1.0.7　新建住宅区和住宅建筑内的地下通信管道、配线管网、电信间、设备间等通信设施,必须与住宅区及住宅建筑同步建设。

近年来,大数据的快速发展推动了 OM3、OM4 多模光纤、单模光纤、光纤到桌面、光纤到用户、光纤到民用建筑用户单元的应用,光纤具有传输距离与信息安全方面的优势,在住宅小区,光纤与光纤接入系统配合,构成多业务平台,为宽带信息的接入提供了条件。光纤配线系统主要根据用户对业务的需求,对网络的需求,对图像的需求而发展。在未来光纤将广泛应用于网络家庭中,它的安全性好、速度快、抗干扰能力强、传输速度快、传输质量高等优点使其广泛应用成为趋势。

OM1 指 850/1300nm 满注入带宽在 200/500MHz・km 以上的 50μm 或 62.5μm 芯径多模光纤。OM2 指 850/1300nm 满注入带宽在 500/500MHz・km 以上的 50μm 或 62.5μm 芯径多模光纤。OM3 和和 OM4 是 850nm 激光优化的 50μm 芯径多模光纤,在采用 850nm VCSEL(垂直腔面发射激光器)的 10Gbps 以太网中,OM3 光纤传输距离可以达到 300m,OM4 光纤传输距离可以达到 550m。

5.3 光纤到用户光纤布线系统设计

光纤到用户单元/户通信设施的设计要求如下。

（1）在公用电信网络已实现光纤传输的地区,建筑物内设置用户单元/户时,通信设施工程必须采用光纤到用户单元/户的方式建设。

（2）光纤到用户单元/户通信设施工程的设计必须满足多家电信业务经营者平等接入、用户单元户内的通信业务使用者可自由选择电信业务经营者的要求。

（3）新建光纤到用户单元/户通信设施工程的地下通信管道、配线管网、电信间、设备间等通信设施,必须与建筑工程同步建设。

（4）用户接入点应是光纤到用户单元/户工程特定的一个逻辑点,设置应符合下列规定。

① 每一个光纤配线区应设置一个用户接入点。

② 用户光缆和配线光缆应在用户接入点进行互连。

③ 只有在用户接入点处可进行配线管理。

④ 用户接入点处可设置光分路器。

（5）光纤到用户单元/户通信设施适用于公用建筑中商住办公楼以及一些自用办公楼将楼内部分楼层或区域出租给相关的公司或企业作为办公场所;同时适用于居住建筑。

（6）光纤到用户单元/户通信设施的配置要求如下。

① 建筑红线范围内设配线光缆所需的室外通信管道管孔与室内管槽的容量用户接入点处预留的配线设备安装空间及设备间的面积均应满足不少于多家电信业务经营者通信业务接入的需要。

② 光纤到用户单元/户所需的室外通信管道与室内配线管网的导管与槽盒应单独设置,管的总容量与类型应根据光缆设方式及终期容量确定,并应符合下列规定。

• 地下通信管道的管孔应根据数设的光缆种类及数量选用单孔管(内穿放子管)或格式塑料管。

• 每一条光缆应单独占用多孔管中的一个管孔或单孔管内的一个子管。

• 地下通信管道宜预留不少于 3 个备用管孔。

• 配线管网导管与槽盒尺寸应满足数设的配线光缆与用户光缆数量及管槽利用率的要求。

③ 用户光缆采用的类型与光纤芯数应根据光缆敷设的方式及所辖用户数计算,并应符合下列规定。

• 用户接入点至用户单元信息配线箱/住宅家居配线箱的光缆光纤芯数应根据用户单元/户对通信业务的需求及配置等级确定,配置应符合设计要求。

• 楼层光缆配线箱至用户单元信息配线箱之间应采用 2 芯光缆,至住宅家居配线箱之间应采用不少于 1 芯光缆。

• 用户接入点配线设备至楼层光缆配线箱之间,应采用单根多芯光缆,光纤容量应满足用户光缆总容量需要,并应根据光缆的规格预留不少于 10% 的余量。

④ 用户接入点外侧光纤模块类型与容量应按引入建筑物的配线光缆的类型及光缆的光纤芯数配置。

⑤ 用户接入点用户侧光纤模块类型与容量应按用户光缆的类型及光缆的光纤芯数的 50% 或工程实际需要配置。

⑥ 设备间面积不应小于 $10m^2$,配线设备安装采用 4 个 600mm 宽机柜时设备间尺寸为 40m×2.5m,面积为 $10m^2$,如果采用 4 个 800mm 宽机柜时,设备间尺寸为 50m×30m,则面积为 $15m^2$。当设备间还安装通信设备或入口设施时应相应地扩大其尺寸,以满足设备安装的工艺要求。

⑦ 每个用户单元区域内应设置 1 个信息配线箱,每个住宅住户内应设置 1 个家居配线箱,并应安装在柱子或承重墙上(不因使用需求变化而进行改造的建筑物部位)。

(7) 线缆与配线设备选择要求如下。

① 光缆光纤选择应符合下列规定。

- 用户接入点至楼层光纤配线箱(分纤箱)之间的室内用户光缆应采用 G652 光纤。
- 楼层光缆配线箱(分纤箱)至用户单元信息配线箱、住宅住户家居配线箱之间的室内用户光缆应采用 G657 光纤。

② 室内外光缆选择应符合下列规定。

- 室内光缆宜采用干式、非延燃外护层结构的光缆。
- 室外管道至室内的光缆宜采用干式、防潮层、非延燃外护层结构的室外用光缆。

③ 光纤连接器件宜采用 SC 和 LC 类型。

④ 用户接入点应采用机柜或共用光缆配线箱配置需符合下列规定。

机柜宜采用 600mm 或 800mm 宽的标准机柜;共用光缆配线箱体应满足不少于 144 芯光纤的终接。

⑤ 用户单元信息配线箱的配置量应符合下列规定。

- 配线箱应根据用户单元区域内信息点数量、引入缆线类型、缆线数量、业务功能需求选用。
- 配线箱箱体尺寸应充分满足各种信息通信设备摆放、配线模块安装、光缆终接与盘留、跳线连接、电源设备和接地端子板安装以及业务应用发展的需要。
- 配线箱的选用和安装位置应满足室内用户无线信号覆盖的需求。
- 当超过 50V 的交流电压接入箱体内电源插座时,应采取强弱电安全隔离措施。
- 配线箱内应设置接地端子板,并应与楼层局部等电位端子板连接。

5.4　办公楼无源光局域网设计实例

目前 POL 已有企业园区全光网、高校全光网、政务系统全光网、酒店全光网等多种解决方案,图 5-8 为某办公楼无源光局域网系统平面图。

某办公楼无源光局域网光缆结构图如图 5-9 所示。

对图 5-9 做以下说明。

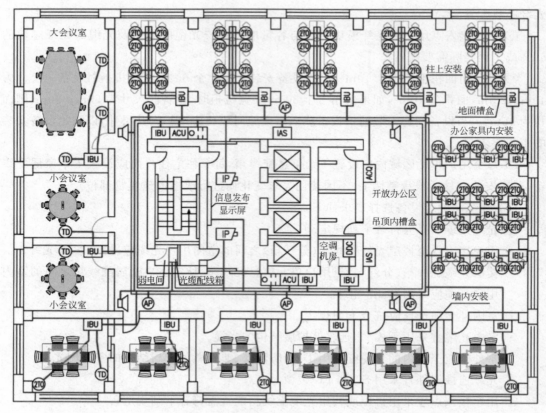

图 5-8　某办公楼无源光局域网系统平面图

（1）网络系统采用一级分光方式，光分路器安装在建筑物一层弱电间。

（2）建筑物光分路器采用 $2 \times N$ 形态。

（3）在楼层弱电间，垂直段用户光缆通过配线架与楼层水平段光缆进行适配连接。连接到每个 ONU 的水平段蝶形皮线光缆至少选用 2 芯，建议 4 芯。

（4）垂直段用户光缆和水平段用户光缆在楼层弱电间光缆配线箱进行交接。

（5）建筑物内的垂直段用户光缆和园区建筑群间用户光缆通过弱电间的光缆交接箱连接，光分路器安装在光缆交接箱内。

（6）ONU 至二孔信息插座采用 2 根 4 对对绞电缆，至单数插座采用 1 根 4 对对绞电缆，至两孔数据插座采用 2 根 4 对对绞电缆，至光纤插座采用 1 根 2 芯光缆。

（7）ONU 至视频监控摄像机、出入口控制器、可视用户接收机、防护区域接收器、扬声器（带功放）、直接数字控制器、信息发布显示屏采用 1 根 4 对对绞电缆。AP 带 PON 光模块 ODF 至 AP 采用 1 根光电复合缆。

（8）图 5-9 中所标出光缆的容量为实际需要计算值，在工程设计中，应预留不少于 10% 的备份并按光缆的规格选用。

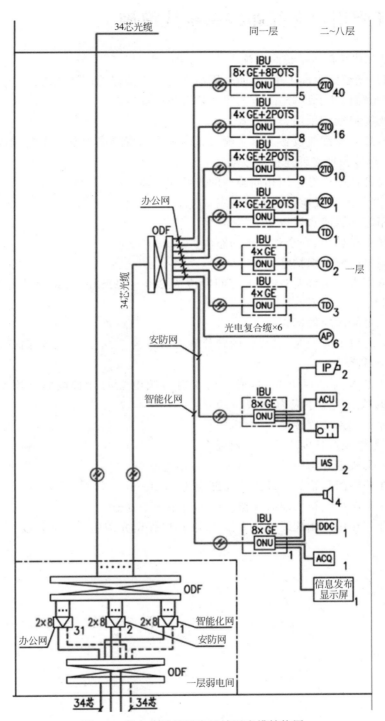

图 5-9　某办公楼无源光局域网光缆结构图

5.5 光纤到用户光纤布线系统线缆施工

光纤到用户光纤布线系统线缆施工注意事项。

(1) 在用户光缆路由施工中,不能采用活动光纤连接器的连接方式。

(2) 用户光缆接续、成端施工方式需要符合下列规定。

① 用户光缆接续宜采用熔接方式。

② 在用户接入点配线设备及家居配线箱内宜采用熔接尾纤方式成端;不具备熔接条件时可采用现场组装预埋光纤连接器成端。

③ 每一光纤链路中宜采用相同类型的光纤连接器。

(3) 用户光缆的敷设应符合下列规定。

① 宜采用穿导管暗敷设方式。

② 应选择距离较短、安全和经济的路由。

③ 穿越墙体时应套保护管。

④ 采用钉固方式沿墙明敷时,卡钉间距应为 200~300mm,对易触及的部分可采用塑料管或钢管保护。

⑤ 在成端处纤芯应做标识。

⑥ 穿放 4 芯以上光缆时,直线管的管径利用率应为 50%~60%,弯曲管的管径利用率应为 40%~50%。

⑦ 穿放 4 芯及 4 芯以下光缆,或户内 4 对对绞电缆的导管截面利用率应为 25%~30%,槽盒内的截面利用率应为 30%~50%。

⑧ 光缆金属加强芯应接地。

(4) 室内光缆预留长度应符合下列规定。

① 光缆在配线柜处预留长度应为 3~5m。

② 光缆在楼层配线箱处光纤预留长度应为 1~1.5m。

③ 光缆在家居配线箱成端时预留长度不应小于 500mm。

④ 光缆纤芯在用户侧配线模块不做成端时,应保留光缆施工预留长度。

第 6 章

综合布线系统验收与测试技术

6.1 测试验收标准

综合布线系统测试是综合布线工程中的一个关键环节,它能验证综合布线前期工程的设计和施工质量水平,为后续的网络调试、工程验收做必要准备。综合布线系统测试是一项技术性很强的工作,通过科学、有效的测试,可以评估布线系统的施工质量,及时发现布线故障、分析处理问题。

综合布线系统的测试与布线系统的标准紧密相关。随着计算机网络技术的飞速发展,千兆以太网、万兆以太网、数据中心等应用需求推动了布线系统的发展,布线系统的测试标准随之不断变化。综合布线系统测试标准有:现场测试标准(ANSI/TIA/EIA TSB-67、ANSI/TIA/EIA TSB95)、5e 类缆线的千兆位网络测试标准(ANSI/TIA/EIA568-A-5-2000)、《综合布线系统工程验收规范》(GB/T 50312—2016)等。

综合布线系统验收标准一般遵循以下原则。

(1)综合布线系统工程的验收必须以工程合同、设计方案、设计修改变更单为依据。

(2)综合布线链路性能测试应符合《大楼通信综合布线系统》(YD/T 926.2—2009),CAT 6 双绞线性能测试可遵照 EIA/TIA568 B 或 ISO/IEC 11801—2010 等标准执行。

(3)工程竣工验收项目的内容和方法,应按《综合布线系统工程验收规范》(GB 50312—2016)的规定执行。

由于综合布线工程是一项系统工程,不同的项目会涉及通信、机房、防雷、防火问题,需要设计、施工、测试等各环节遵守标准,才能获得全面的质量保障。因此,综合布线工程验收还需符合其他多项相关技术规范。

6.1.1 综合布线系统缆线验收

1. 缆线的敷设与保护方式检查

缆线敷设的规定如下。

(1)缆线的型号、规格应与设计规定相符。

(2)缆线的布放应自然平直,不得产生扭绞、打圈、接头等现象,不应受外力的挤压和损伤。

(3)缆线两端应贴有标签,标明编号,标签书写应清晰、端正、正确,标签应选用不易损坏的材料。

(4)缆线终接后应有余量。交接间、设备间对绞电缆预留长度宜为 0.5~1.0m;工作区宜为 10~30mm;光缆布放宜留长度为 3~5m;有特殊要求的应按设计要求预留长度。

（5）缆线的弯曲半径应符合：①非屏蔽 4 对双绞线电缆的弯曲半径应至少为电缆外径的 4 倍；②屏蔽 4 对双绞线电缆的弯曲半径应至少为电缆外径的 6～10 倍；③主干对绞电缆的弯曲半径应至少为电缆外径的 10 倍；④光缆的弯曲半径应至少为光缆外径的 15 倍。

（6）电源线、综合布线系统缆线应分隔布放，缆线间的最小净距应符合设计要求和相关规定；建筑物内电缆、光缆暗管的敷设与其他管线的最小净距应符合相关规定；在暗管或线槽中，缆线敷设完毕后，宜在信道两端口的出口处用填充材料进行封堵。

预埋线槽和暗管敷设缆线的规定如下。

（1）敷设线槽的两端宜用标志表示出编号和长度等内容。

（2）敷设暗管时，宜采用钢管或阻燃硬质 PVC 管。

设置电缆桥架和线槽敷设缆线的规定如下。

（1）电缆线横、桥架宜高出地面 22m 以上；线横和桥架顶部距楼板不宜小于 30mm；在过梁或其他障碍物处，不宜小于 50mm。

（2）槽内缆线布放应顺直，尽量不交叉，在缆线进出线槽部位及转弯外应绑扎固定，其水平部分缆线可以不绑扎。

（3）电缆桥架内缆线垂直敷设时，缆线的上端和每隔 15m 处应固定在桥架的支架上；水平敷设时，在缆线的首、尾、转弯及每隔 5～10m 处进行固定。

（4）在水平、垂直桥架和垂直线栖中敷设缆线时，应对缆线进行绑扎。

（5）楼内光缆宜在金属线槽中敷设，在桥架敷设时应在绑扎固定段加装垫套。

（6）采用吊顶支撑柱作为线横在顶棚内敷设缆线时，每根支撑柱所辖范围内的缆线可以不设置线横进行布放，但应分束绑扎。缆线护套应阻燃，缆线选用应符合设计要求。

（7）建筑群子系统采用架空、管道、直埋、墙壁及暗管敷设电缆、光缆的施工技术要求，应按照本地网通信线路工程验收的相关规定执行。

水平子系统缆线的敷设保护要求如下。

预埋金属线的保护要求：①在建筑物中预埋线槽宜按单层设置，每一路由预埋线槽不应超过 3 根，线槽截面高度不宜超过 25mm，总宽度不宜超过 300mm；②线槽直埋长度超过 30m 或在线槽路由有交叉、转弯时，宜设置过线盒以便于布放缆线和维修；③过线盒盖能开启，并与地面齐平，盒盖处应具有防水功能；④过线盒和接线盒盒盖应能抗压；⑤从金属线槽至信息插座接线盒间的缆线宜采用金属软管敷设。

预埋暗管的保护要求：①预埋在墙体中的最大管径不宜超过 50mm，楼板中暗管的最大管径不宜超过 25mm；②直线布管每 30m 处应设置过线盒装置；③暗管的转弯角度应大于 90°，在路径上每根暗管的转弯角度不得多于 2 个，并不应有 S 弯出现；④暗管转弯的曲率半径不应小于该管外径的 6 倍；⑤暗管管口应光滑，并加有护口保护，管口伸出部位宜为 25～50mm。

网络地板缆线的敷设保护要求：①线槽之间应沟通；②线槽盖板应可开启，并采用金属材料；③主线槽的宽度由网络地板盖板的宽度而定，一般宜在 200mm 左右，支线槽宽不宜小于 70mm；④地板块应抗压，抗冲击和阻燃。

设置缆线桥架和缆线线横的保护要求：①桥架水平敷设时，支撑间距一般为 15～3m，垂直敷设时，固定在建筑物体上的间距宜小于 2m，距地 18m 以下部分应加金属盖板保护；

②金属线槽敷设时,在线槽接头处,每间距 3m 处,离开线槽两端出口 0.5m 处和转弯处设置支架或吊架;③塑料线槽槽底固定点间距一般宜为 1m;④敷设缆线时,如果使用活动地板,活动地板内净空应为 150～300mm;⑤采用公用立柱作为顶棚支撑柱时,可在立柱中布放缆线;⑥金属线横接地应符合设计要求;⑦金属线横、缆线桥架穿过墙体或楼板时,应有防火措施。

干线子系统缆线的敷设保护要求:①缆线不得布放在电梯或供水、供气、供暖管道竖井中,也不应布放在强电竖井中;②干线通道间应沟通;③建筑群子系统缆线的敷设保护方式应符合设计要求。

2. 缆线终接检查

缆线终接应符合下列要求。

(1) 缆线在终接前,必须核对缆线标识内容是否正确。

(2) 缆线中间不允许有接头。

(3) 缆线终接处必须牢固,接触良好。

(4) 缆线终接应符合设计和施工操作规程。

(5) 进行双绞线电缆与插接件连接时应认准线号线位色标,不得颠倒和错接。

双绞线电缆芯线的终接应符合:终接时,每对双绞线应保持扭绞状态,扭绞松开长度对于 5 类线不应大于 13mm。

光缆芯线的终接应符合下列要求。

(1) 应采用光纤连接盒对光纤进行连接、保护,连接盒中光纤的弯曲半径应符合安装工艺的要求。

(2) 光纤熔接处应加以保护和固定,使用连接器以便于光纤的跳接。

(3) 光纤连接盒面板应有标志。

(4) 光纤连接损耗值应符合相关规定。

各类跳线的终接应符合下列要求。

(1) 各类跳线缆线和接插件间接触应良好,接线无误,标志齐全。

(2) 跳线选用类型应符合系统设计要求。

(3) 各类跳线长度应符合设计要求,一般对绞电缆跳线不应超过 5m,光缆跳线不应超过 10m。

6.1.2　工程电气测试

综合布线工程的电气测试包括电缆系统电气性能测试和光纤系统性能测试,其中电缆系统测试内容分别为基本测试项目和可选测试项目。各项测试应有详细记录,以作为竣工技术文件的一部分。

电气性能测试仪按二级精度,应符合相关要求。

现场测试仪应能测试 3 类、5 类双绞线电缆布线系统及光纤链路。

测试仪表应有输出端口,以将所有存储的测试数据输出至计算机和打印机,并进行维护和文档管理。

电缆、光缆测试仪表应具有合格证及计量证书。

6.1.3　文档验收

文档验收主要是检查乙方是否按协议或合同规定的要求,交付所需要的文档。综合布线系统工程的竣工技术资料文件要保证质量,做到外观整洁,内容齐全,数据准确,主要包括以下内容。

(1) 综合布线系统工程的主要安装工程量,如主干布线的缆线规格和长度,装设楼层配线架的规格和数量等。

(2) 在安装施工中,一些重要部位或关键段落的施工说明,如建筑群配线架和建筑物配线架合用时,它们连接端子的分区和容量等。

(3) 设备、机架和主要部件的数量明细表,即将整个工程中所用的设备、机架和主要部件分别统计,清晰地列出其型号、规格、程式和数量。

(4) 当对施工棚有少量修改时,可利用原工程设计图更改补充,不需再重作竣工图纸。但在施工中改动较大时,则应另作竣工图纸。

(5) 综合布线系统工程中各项技术指标和技术要求的测试记录,如缆线的主要电气性能、光缆的光学传输特性等测试数据。

(6) 直埋电缆或地下电缆管道等隐蔽工程经工程监理人员认可的签证,以及设备安装和缆线敷设工序告一段落时经常驻工地代表或工程监理人员随工检查。

(7) 随工验收记录。

(8) 隐蔽工程签证。

一般来讲,综合布线系统工程检验项目繁多,具体内容可参考表 6-1。

表 6-1　综合布线系统工程验收项目及内容

时段	验收项目	验收内容	检验或验收方式
施工前检查	施工前准备的材料	(1) 综合布线系统工程方案 (2) 布线系统拓扑图 (3) 布线系统物理施工图 (4) 系统工程设备连接文档 (5) 信息点分布图	施工前检查
	环境要求	(1) 土建施工情况:地面、墙面门、电源插座及接地装置 (2) 土建工艺:机房面积、预留孔洞 (3) 施工电源 (4) 地板敷设 (5) 建筑物入口设施检查	施工前检查
	设备材料检验	(1) 外观检查 (2) 型号、规格、数量检查 (3) 电缆电气性能测试 (4) 光纤特性测试 (5) 测试仪表和工具的检验	施工前检查

续表

时　段	验 收 项 目	验 收 内 容	检验或验收方式
施工前检查	安全、防火要求	(1) 消防器材 (2) 危险物的堆放 (3) 预留孔洞防火措施	施工前检查
设备安装	电信间、设备间、设备机柜、机架	(1) 规格、外观 (2) 安装垂直、水平度 (3) 油漆不得脱落,标志完整齐全 (4) 各种螺钉必须紧固 (5) 抗震加固措施 (6) 接地措施	随工检验
	配线部件及 8 位模块式信息插座	(1) 规格、位置、质量 (2) 各种螺钉必须紧通用插座 (3) 标志齐全 (4) 安装符合工艺要求 (5) 屏蔽层可靠连接	随工检验
电 缆、光 缆敷设(楼内)	电缆桥架及线缆布放	(1) 安装位置正确 (2) 安装符合工艺要求 (3) 符合布放缆线工艺要求 (4) 接地	随工检验
	线缆暗敷(暗管、线槽、地板等)	(1) 缆线规格、路由、位置 (2) 符合布放线缆工艺要求 (3) 接地	随工检验
电 缆、光 缆敷设(楼间)	架空缆线	(1) 吊线规格、架设位置、装设规格 (2) 吊线垂度 (3) 缆线规格 (4) 卡、挂间隔 (5) 缆线的引入符合工艺要求	随工检验
	管道缆线	(1) 使用管孔孔位 (2) 缆线规格 (3) 缆线走向 (4) 缆线防护设施的设置质量	隐蔽工程签证
	埋式缆线	(1) 缆线规格 (2) 敷设位置、深度 (3) 缆线防护设施的设置质量 (4) 回填夯实质量	隐蔽工程签证
	隧道缆线	(1) 缆线规格 (2) 安装位置、路由 (3) 土建设计符合工艺要求	隐蔽工程签证
	其他	(1) 通信线路与其他设施的间距 (2) 进线室安装、施工质量	随工检验或隐蔽工程签证

续表

时段	验收项目	验收内容	检验或验收方式
缆线成端	8位模块式信息插座	符合工艺要求	随工检验
	配线部件	符合工艺要求	
	光纤连接器件	符合工艺要求	
	配线模块	符合工艺要求	
系统测试	铜缆电气性能测试	(1) 连通性(接线图) (2) 长度 (3) 衰减 (4) 近端串扰(两端都应测试) (5) 近端串扰功率和 (6) 衰减串扰比 (7) 衰减串扰比功率和 (8) 等电平远端串扰 (9) 等电平远端串扰功率和 (10) 回波损耗 (11) 传播时延 (12) 传播时延偏差 (13) 插入损耗 (14) 直流环路电阻 (15) 设计中特殊规定的测试内容 (16) 屏蔽布线系统屏蔽层的导通	竣工检验
	光纤性能测试	(1) 衰减 (2) 长度 (3) 回波损耗 (4) 插入损耗 (5) OTDR参数	竣工检验
管理系统	管理系统级别	符合设计文件要求	竣工检验
	标识符与标签设置	(1) 专用标识符类型及组成 (2) 标签设置 (3) 标签材质及色标	
	记录和报告	(1) 记录信息 (2) 报告 (3) 工程图纸	
	智能配线系统	作为专项工程	
总验收	竣工技术文件	清点、交接技术文件	竣工检验
	工程验收评价	考核工程质量,确定验收结果	

综合布线系统测试通常分为验证测试、鉴定测试和认证测试三种类型。这三种测试均是对整个综合布线工程所布的缆线进行测试,只是所测试的项目及其测试标准不同。

验证测试又叫随工测试,是测试电缆的通断、长度以及对绞电缆的接头连接是否正确以及安装工艺水平等,以便及时发现并纠正问题,避免返工。验证测试一般是在施工过程中由施工人员边施工边进行的测试,以保证每个连接的正确性。验证测试并不测试电缆的电气性能指标,所以不表示被测缆线以至整个布线工程符合标准。

鉴定测试是在验证测试的基础上,增加了故障诊断测试和多种类别的电缆测试,或者是对布线链路上一些通信网络应用情况的基本检测,有一定的网络管理功能。

认证测试是根据国家、国际上某种综合布线缆线测试标准进行的测试,以确定综合布线系统是否达到设计要求。测试内容包括连接性能测试和电气性能测试。例如,电缆的认证测试指标诸如有接线图、长度、衰减、特征阻抗、近端串扰(NEXT)、远端串扰(FEXT)和回波损耗等。只有通过认证测试才能保证所安装的缆线可以支持或达到某种相应的技术等级。认证测试又叫验收测试,是所有测试工作中最重要的环节,是在工程验收时对综合布线系统的安装、电气特性、传输性能、设计、选材和施工质量的全面检验。认证测试通常分为自我认证测试和第三方认证测试两种类型。

6.2 测试指标

综合布线系统工程验收测试中,铜缆测试指标包括:

(1) 连通性(接线图)(map);

(2) 长度(length);

(3) 衰减(attenuation);

(4) 近端串绕(NEXT);

(5) 功率总和近端串扰衰减(PS-NEXT loss);

(6) 衰减串扰比(ACR);

(7) 功率总和衰减串扰比(PS-ACR);

(8) 等效电平远端串扰衰减(ELFEXT loss);

(9) 功率总和等效远端串扰衰减(PS-ELFEXT loss);

(10) 回波损耗(return loss);

(11) 传播时延(delay);

(12) 传播时延偏差(delay skew);

(13) 插入损耗(insertion loss);

(14) 直流环路电阻(DC resistance);

(15) 特性阻抗(characteristic impedance)。

光纤特性测试指标包括衰减、长度、回波损耗、插入损耗、OTDR 参数。

6.3 永久链路

综合布线系统链路测试常用的有信道测试和永久链路测试两种。信道是指连接两个应用设备端到端的传输通道,包括设备区跳线和工作区用户跳线,例如,面板到用户计算机和配线架到交换机;永久链路是信息点与楼层配线设备之间的传输线路,它不包括工作区跳线和用户设备的设备跳线。综合布线系统信道、永久链路、CP 链路构成如图 6-1 所示。永久链路链接测试连接图如图 6-2 所示。

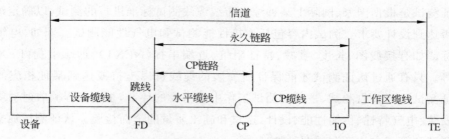

图 6-1 布线系统信道、永久链路,CP 链路构成

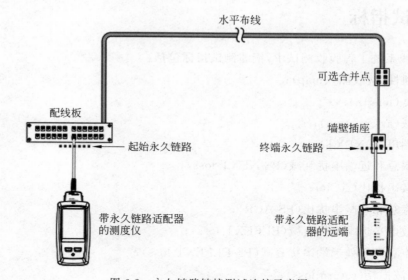

图 6-2 永久链路链接测试连接示意图

综合布线系统信道由最长 90m 水平缆线、最长 10m 的跳线和设备缆线及最多 4 个连接器件组成,永久链路则由 90m 水平缆线及 3 个连接器件组成。工作区设备缆线、电信间配线设备的跳线和设备缆线之和不应大于 10m,当大于 10m 时,水平缆线长度(90m)应适当减少。

楼层配线设备(FD)跳线、设备缆线及工作区设备缆线各自的长度小于或等于 5m。

永久链路测试

永久链路测试报告如图 6-3 所示。该报告证明 Cat5e 网络跳线已通过福禄克永久链路测试,其结果基本与信道测试相同。

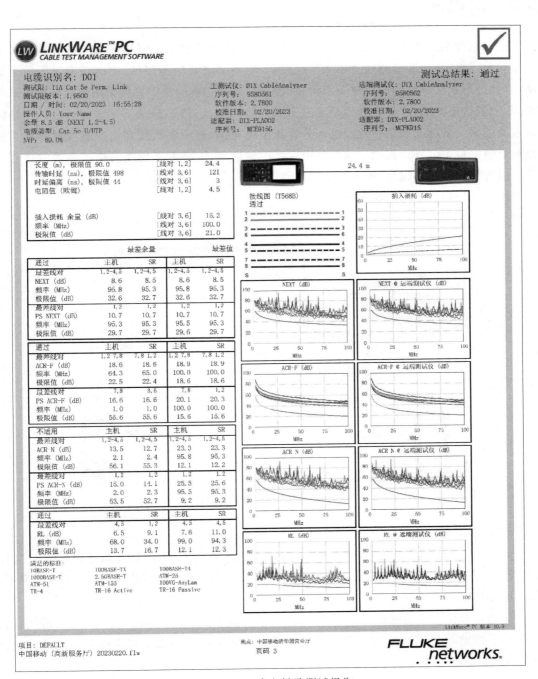

图 6-3　Cat6 永久链路测试报告

6.4　信道测试

　　综合布线工程验收时,用户可自由选择永久链路测试和信道测试任意一种方式。对于超五类布线系统,一般链路通过了永久链路测试,不必进行信道测试,而链路通过了信道测试,需要进行永久链路测试。对于六类布线系统,部分工程验收中直接采用永久链路测试方式,不选用信道测试,会导致即使是通过了永久链路测试,信道测试不一定能通过。这是因为六类线在设备跳线和用户跳线这部分容易出现瓶颈,而设备跳线和用户跳线就是永久链路和信道的根本区别。因此工程验收中宜采用信道测试,并配套性能合格的六类跳线作为设备跳线和用户跳线试用,保证系统稳定性。

　　信道连接测试示意图如图 6-4 所示。

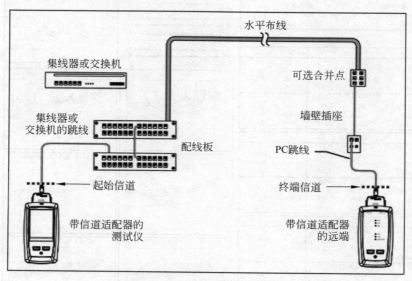

图 6-4　信道连接测试示意图

TIA Cat6 信道测试

　　如图 6-5 所示,该报告证明了 Cat6 网络跳线已通过福禄克信道测试,显示 NEXT、PSNEXT、ACR-F、PS ACR-F、ACR-N、PS ACR-N 和 RL 都在允许值内,并且 NEXT 和 PL 的值明显优于行业标准。

　　未通过福禄克信道测试的 Cat6 信道测试报告如图 6-6 所示。图 6-6 中,该通道线缆长度超过了规定的 100m 极限值,传输时延与插入抗耗余量均超出了规定极限值。测试经过不合格。

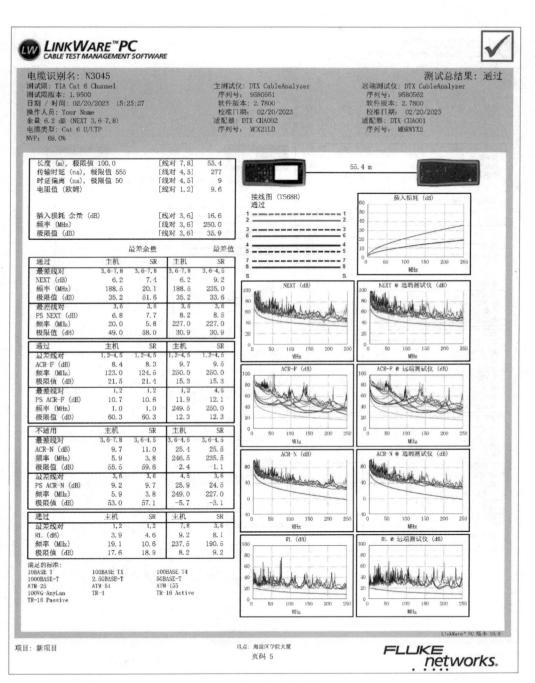

图 6-5 永久链路测试报告

LINKWARE™PC
CABLE TEST MANAGEMENT SOFTWARE

X

电缆识别名：B1-TP055　　　　测试总结果：失败

日期 / 时间：01/10/2019 05:09:35 PM
余量 7.2 dB (NEXT 45-78)
测试限：TIA Cat 6 Channel
电缆类型：Cat 6 U/UTP
NVP：69.0%

操作人员：KUANG
软件版本：2.7800
测试限版本：1.9500
校准日期：
主测试仪（测试仪）：06/10/2018
远端测试仪（测试仪）：06/10/2018

型号：DTX-1800
主机 S/N：3192039
远端 S/N：3192040
主机适配器：DTX-CHA002
远端适配器：DTX-CHA002

长度（m），极限值 100.0	[线对 45]	150.0F
传输时延（ns），极限值 555	[线对 12]	765F
时延偏离（ns），极限值 50	[线对 12]	40
电阻值（欧姆）	[线对 12]	28.3
插入损耗 余量（dB）	[线对 12]	-13.3F
频率（MHz）	[线对 12]	250.0
极限值（dB）	[线对 12]	35.9

	最差余量		最差值	
通过	主机	SR	主机	SR
最差线对	36-78	45-78	36-45	36-78
NEXT（dB）	11.3	7.2	13.0	9.7
频率（MHz）	3.8	74.3	169.5	209.5
极限值（dB）	63.5	42.1	36.0	34.4
最差线对	36	78	36	36
PS NEXT（dB）	12.7	8.8	12.9	10.3
频率（MHz）	3.8	74.0	171.5	213.0
极限值（dB）	61.0	39.3	33.0	31.4

通过	主机	SR	主机	SR
最差线对	45-36	36-45	45-36	36-45
ACR-F（dB）	12.2	12.2	14.7	14.7
频率（MHz）	8.0	8.0	126.0	126.0
极限值（dB）	45.2	45.2	21.2	21.2
最差线对	36	36	36	36
PS ACR-F（dB）	13.8	13.9	14.6	14.7
频率（MHz）	1.3	2.0	224.0	236.0
极限值（dB）	58.3	54.2	13.3	12.8

不适用	主机	SR	主机	SR
最差线对	36-45	36-78	36-45	45-78
ACR-N（dB）	1.8	-2.6	3.0	-1.8
频率（MHz）	169.5	209.5	235.0	228.0
极限值（dB）	7.4	2.0	-1.1	-0.2
最差线对	36	36	45	36
PS ACR-N（dB）	1.7	-1.8	3.7	-1.4
频率（MHz）	171.5	213.0	237.5	218.5
极限值（dB）	4.2	-1.3	-4.3	-2.0

通过	主机	SR	主机	SR
最差线对	78	78	45	36
RL（dB）	4.5	0.0*	8.3	7.6
频率（MHz）	13.4	1.6	208.0	243.0
极限值（dB）	18.4	19.0	8.8	8.1

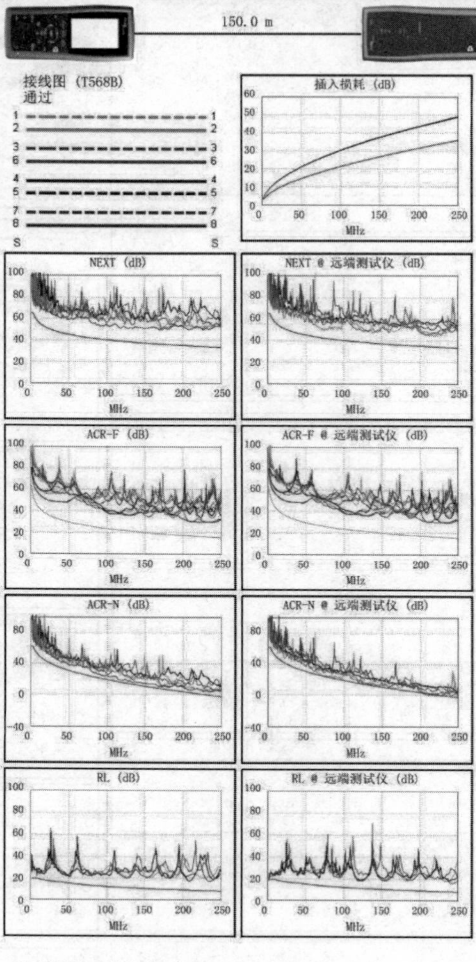

* 测试结果在仪器精度范围内

LinkWare™ PC 版本 9.5

项目：DEFAULT　　　　地点：Client Name

FLUKE networks.

图 6-6　未通过福禄克信道测试的 Cat6 信道测试报告

第 7 章

综合布线工程与技术教学实例

7.1　教学实例说明

目前我国职业教育建设进入崭新发展时期,中国传统职教工作模式也随之进入实质性的数字化、信息化变革时代。2019 年国务院发布《国家职业教育改革实施方案》,把奋力办好新时代职业教育的决策部署细化为若干具体行动,提出了 7 个方面的 20 项政策举措。随着由教育部等九部门印发的《职业教育提质培优行动计划(2020—2023 年)》的正式发布,标志着我国职业教育正在从"怎么看"转向"怎么干"的提质培优、增值赋能新时代,也意味着职业教育从"大有可为"的期待开始转向"大有作为"的实践阶段。众多职业技术学院积极响应国家要求和号召,把计划落到实处,努力建设有规模、有实力、高水平的技能实训室,以此来提高学校的职业技能专业教学设施和办学水平。

综合布线实训教学研究进一步发展。截至 2021 年,以中国知网(CNKI)为数据源进行检索,综合布线实训相关研究论文数量达 260 篇以上,其中包括网络综合布线系统 257 篇,网络综合布线课程 39 篇,实训室研究 23 篇,教学改革 22 篇,实训室建设 21 篇,实训教学 19 篇,教学应用 15 篇,技能大赛 13 篇。

建设一套完整的综合布线和智能楼宇实训室,可以帮助把理论教学、课程实训、综合实践等构成的实训课程体系,和知识传授、技能学习、技术提升、能力培养融为一体,有效缩短学生与单位用人之间的距离,尤其对于综合布线工程技术人才培养具有重要意义,成为众多职业院校的当务之急。

通过建设一个具有教学、研究和实训功能的综合布线和智能楼宇实训室,使计算机、网络工程、通信以及其他相关工程类专业的学生能够一边学习理论知识,一边认识、了解掌握综合布线网络拓扑结构、相关技术标准及相关器材仪器的使用方法,并进行全系列的综合布线系统网络拓扑结构设计、综合布线系统网络布线、网络施工及网络测试与验收的应用实训,这对于培养学生的动手能力、工程实践能力、团队协作精神和创新能力,培养高素质的善于"设计、施工、测试的复合实用型技能专业人才"具有重要的现实意义。

本书教学实例是清华易训根据中、高职院校及应用型本科院校的网络综合布线系统课程特点和要求,课程的性质、目的和任务、教学要求和技能训练要求等内容,选用清华易训综合布线 E-Training PDS 实训系统进行实际技能实训训练举例,可为各类学校组织该课程技能实训教学参考。

7.2　教学实训目的和任务

综合布线工程与技术教学实例主要任务是：以综合布线系统的国际标准和国家标准为依据,从综合布线工程技术的基本概念出发,阐述综合布线工程的设计技术、施工技术、施工工程管理技术、网络测试技术、工程验收和管理维护等内容,以清华易训 E-Training PDS 网络综合布线实训模拟墙为主体,围绕工程实践中的具体案例进行分析,进行综合布线系统各类技能实训,突出学生网络布线工程设计和工程施工等实践能力的培养。学习本课程的学生应当具有电工电子基础知识、计算机网络原理和计算机操作系统的预备知识,可参考本书第 2 章"综合布线系统相关网络基础知识"相关内容。

7.3　教学基本要求

(1) 使学生全面了解网络综合布线工程的各个流程。

(2) 使学生掌握网络综合布线工程的各种技术知识。

(3) 通过综合布线设计与实践,加深学生对网络体系结构的理解。

(4) 掌握方案设计、工程施工、测试、组织验收和鉴定的技能。

(5) 了解网络综合布线的最新技术和标准。

(6) 教学内容应突出该课程的技能型特征,结合清华易训 E-Training PDS 网络综合布线实训模拟墙,多进行布线工程案例教学和布线工程现场教学。

上述教学内容具体实训和教学课程由学校根据具体情况,结合自身特点实施,实训项目如表 7-1 所示。

表 7-1　网络综合布线系统工程实训项目表

实训类别	实训内容	实训目标
参观考察了解综合布线系统	实训1:参观、考察实际大楼综合布线系统 实训2:学习清华易训 PDS Model 教学模型 实训3:学习清华易训 Wall-1000 综合布线实训装置	熟悉综合布线系统结构与组成
综合布线系统常用器材、工具的认识使用	实训1:学习清华易训 Show-C/T/F/S 综合布线展示柜 实训2:学习清华易训 PDS-VR 仿真实训系统材料认识	熟悉综合布线器材、工具使用方法
综合布线基本技能实训(配线端接技术)	实训1:标准网络机柜和网络设备安装 实训2:RJ 45 水晶头压接和标准跳线制作 实训3:网络信息模块和电话模块压接 实训4:双绞线接线图测试 实训5:基本网络永久链路 实训6:复杂网络永久链路 实训7:110 型通信跳线架端接 实训8:RJ 45 网络配线架端接 实训9:110-RJ 45 跳线架组合端接	熟练掌握综合布线配线端接工程技术

续表

实训类别	实训内容	实训目标
综合布线系统设计实训	实训 1：综合布线系统方案设计 实训 2：综合布线系统拓扑图（网络布线系统图）绘制 实训 3：综合布线管线路由图（网络布线系统施工图）的设计绘制 实训 4：综合布线楼层信息点平面分布图绘制（信息点点数统计表） 实训 5：综合布线楼层信息点端口对应表编制 实训 6：综合布线结构化布线材料统计表编制	掌握一定的综合布线系统设计技能
综合布线工程施工技术实训	预备实训如下。 实训 1：常用管槽和施工工具的使用 实训 2：综合布线系统材料预算 　　　　工作区子系统设计和实训：网络信息插座的安装 水平子系统设计和实训： 实训 1：PVC 线槽、PVC 管安装 实训 2：金属桥架安装 垂直子系统设计和实训：PVC 线槽、PVC 管安装 管理间子系统设计和实训：壁挂式机柜及配线架的安装 设备间子系统设计和实训：标准机柜设备安装 建筑群子系统设计和实训：光纤熔接、敷设	熟练掌握综合布线系统施工技能。 涉及设备：清华易训 Wall 实训墙体、易训壁挂机柜
综合布线测试技术实训（双绞线、光纤）	实训 1：Fluke DTX-LT 或 FlukeDSX2-5000 等测试仪器使用 实训 2：清华易训 Cable 300/400/500、Cable 600/800/900 使用	掌握网络布线测试工具的使用方法
综合布线工程验收和管理	实训 1：编制综合布线竣工技术文档 实训 2：清华易训综合布线实训信息管理系统使用	了解掌握综合布线工程验收原则、验收内容、鉴定手段等

7.4　综合布线实训课程教学实例

教学实例 1　参观、考察综合布线系统

内容与要求如下。

（1）参观、理解智能建筑和综合布线系统的概念（以清华易训 PDS 实训系统为例，结合教学展板及教学展示柜，理解清华易训 PDS 实训系统和实际综合布线系统的异同）。

（2）理解、学习综合布线系统标准。

（3）理解、熟悉综合布线系统的设计等级。

（4）掌握、了解综合布线系统的发展趋势。

教学实例 2　综合布线常用介质、网络传输介质

内容与要求如下。

（1）认识熟悉有线通信线路传输介质，包括双绞线、同轴电缆、光缆。

(2) 双绞线要求熟悉掌握：双绞线的种类、双绞线电缆的电气特性参数、超 5 类布线系统、6 类布线系统、7 类布线系统的特点与异同。

(3) 同轴电缆要求熟悉掌握：同轴电缆及其应用、同轴电缆的品种、性能与标准。

(4) 光缆要求：熟悉掌握光缆的品种与性能、光纤通信系统、光缆的种类和机械性能。

(5) 无线传输介质要求熟悉掌握：数据传输技术相关术语，包括信道传输速率、通信方式、传输方式、基带传输、宽带传输等。

教学实例 3 布线器材与布线工具

内容与要求如下。

(1) 熟悉掌握布线器材包括线管、线槽、桥架、机柜、面板、底盒以及其他布线材料。

(2) 熟悉掌握布线工具包括管槽安装工具、线缆敷设工具、线缆端接工具使用方法。

(3) 熟练掌握验证测试工具，熟悉认证测试及其他测试工具（以清华易训 PDS 实训系统测试设备为例，理解各个工具的功能操作异同）。

教学实例 4 综合布线系统设计基础

内容与要求如下。

(1) 理解掌握综合布线系统设计中用户需求分析、如何建筑物现场勘察。熟悉理解综合布线系统设计标准、包括国际标准、北美标准、欧洲标准、中国标准。

(2) 理解掌握综合布线系统设计原则、设计等级特点、设计步骤及名词和术语。

(3) 理解掌握综合布线系统结构组成、网络结构、设备配置、接口类型与具体配置。

(4) 理解掌握综合布线系统产品选型原则与市场相关主流厂商品牌。

(5) 熟练掌握综合布线系统工程图设计，熟悉相关绘图软件操作。

教学实例 5 综合布线系统设计

内容与要求如下。

利用相关绘图软件，熟练绘制综合布线系统拓扑图（结构图），完成综合布线各个子系统设计。具体包括以下内容。

(1) 工作区子系统设计要点、信息插座连接技术，熟练综合布线楼层信息点平面分布图。

(2) 水平干线子系统设计要点、水平子系统管槽路由设计、大开间办公环境水平布线设计，熟练综合布线管线路由图设计绘制。

(3) 管理间子系统要点、交接管理、标识管理、连接件管理等。

(4) 垂直干线子系统设计要点、垂直干线子系统线缆类型选择、垂直干线子系统的布线距离、垂直干线子系统的接合方法、垂直干线子系统的布线路由。

(5) 设备间子系统设计要点、设备间子系统的线缆敷设。

(6) 建筑群子系统的设计要点、建筑群子系统管槽路由设计。

(7) 入口设施（进线间）的设计要点。

(8) 防护系统设计，包括电气防护、接地系统设计等。

教学实例 6 综合布线工程施工技术

内容与要求如下。

(1) 熟悉掌握综合布线工程施工技术，包括施工准备、管槽系统安装、系统设计环境的安装、双绞电缆施工、线缆牵引、建筑物内水平电缆布线、建筑物内主干电缆布线、信息插座端接、配线架端接、线缆整理、设备标记等技术。

（2）熟悉掌握光缆开缆，敷设、光纤连接器安装、光纤熔接、冷接、盘纤等技术。

教学实例 7　项目管理与工程监理

内容与要求如下。

（1）理解熟悉项目管理的基本概念、预算管理和成本控制、施工进度管理、现场监控和文档管理、工程监理职责。

（2）理解熟悉综合布线工程项目的招标、投标工作内容，编制相关招标、投标技术与商务文档。

教学实例 8　综合布线系统测试技术

内容与要求如下。

（1）熟悉综合布线系统测试内容、超 5 类、6 类线测试相关标准。

（2）熟悉综合布线系统认证测试链路模型与，掌握常用仪器操作，理解铜缆与光纤链路测试技术参数（结合 Fluke、清华易训 Cable 900/800/600 等测试仪器）。

教学实例 9　综合布线系统验收与鉴定

内容与要求如下。

理解掌握综合布线系统验收要求、验收步骤、验收内容，验收文档编制。

教学实例 10　网络综合布线工程案例

内容与要求如下。

学习、熟悉、理解园区建筑物（大厦）综合布线系统、校园网综合布线系统、小区综合布线系统、家居综合布线系统等不同场所方案规划与设计。

7.5　技能训练目标

通过清华易训 E-Training PDS 网络综合布线工程实训课程的学习，学生需掌握以下内容。

（1）正确认识网络综合布线工程的内容、标准。

（2）了解 568A /B 线序标准，掌握 RJ 45 水晶头制作技术。

（3）用 VISIO 绘制综合布线拓扑图、路由图、信息点分布图等。

（4）网络信息模块、电话信息模块的端接技术。

（5）110 型通信跳线架、语音配线架的端接技术。

（6）掌握综合布线工具箱、线管、线槽切割工具的使用方法。

（7）掌握金属（塑料）线槽、管连接成型技术。

（8）Fluke DTX-LT 和光功率计等测试工具的使用方法。

（9）掌握光纤熔接及冷接、光纤连接头连接方法。

（10）清华易训 E-Training Cable 300、Cable 500、Cable 600/800/900 等测试仪的使用，熟练使用以上实训设备进行 110 型和 RJ 45 跳线架端接、线缆测试、链路组合等功能。

（11）清华易训 E-Training Cable 400 线缆故障箱的使用，能够正确识别出线缆布线中的常见故障。

（12）熟悉了解全光网设备的连接、测试技术。

（13）掌握综合布线工程验收的方法。

7.6　课程安排及学时分配

课程安排及学时分配表见表 7-2。

表 7-2　课程安排及学时分配

教学内容	课程实训内容	主要实训设备	学时
参观考察综合布线系统了解，综合布线的基本概念、组成和七大子系统	实训 1：参观、考察实际综合布线系统 实训 2：参观清华易训 PDS 模拟实训系统	清华易训 Wall-1000 实训装置 清华易训 Tech-support 实训资源	2
综合布线系统常用器材、工具的认识、使用，包括双绞线、光纤、连接件，如 PVC 管、槽、压线钳等	实训：参观、学习清华易训 PDS 综合布线展示柜	清华易训 Show-C/T/F/S 综合布线展示柜	4
综合布线基本技能实训，使用清华易训 Cable 300、Cable 500、Cable 600、Cable 800、Cable 900 光纤实训仪和清华易训 Cable 400 线缆故障箱进行端接和链路实训	实训 1：标准网络机架和设备安装	清华易训 Cable 100 系列实训机架 清华易训 Cable 300、Cable 500 线缆实训仪 清华易训 Cable 600/800/900 光纤实训仪 清华易训 Cable 400 线缆故障箱 清华易训 Cable 700 光纤故障箱	1
	实训 2：RJ 45 头压接和标准跳线制作		2
	实训 3：网络信息模块和电话模块压接		2
	实训 4：双绞线接线图测试		2
	实训 5：基本永久链路		2
	实训 6：复杂永久链路		2
	实训 7：110 型通信跳线架压接		2
	实训 8：RJ 45 配线架压接		2
	实训 9：110-RJ 45 跳线架组合压接		2
综合布线系统设计实训	实训 1：综合布线系统方案设计 实训 2：综合布线系统拓扑图（结构图）绘制 实训 3：综合布线管线路由图绘制 实训 4：综合布线楼层信息点平面分布图绘制	Office、Autocad、Visio 等软件	8
综合布线工程施工实训	实训 1：常用管槽和设备安装工具的使用 实训 2：综合布线系统设计中的材料预算	清华易训 PDS 全钢结构综合布线实训装置 Wall-1000	4
	工作区子系统设计和实训：网络信息插座的安装		2
	水平子系统设计和实训： 实训 1：PVC 线槽、PVC 管安装 实训 2：金属桥架安装实训		4
	垂直子系统设计和实训：PVC 线槽、PVC 管安装		2

续表

教学内容	课程实训内容	主要实训设备	学时
综合布线工程施工实训	管理间子系统设计和实训：壁挂式机柜的安装	清华易训 PDS 全钢结构综合布线实训装置 Wall-1000	2
	设备间子系统设计和实训：标准机柜设备安装		2
	建筑群子系统设计和实训：光纤熔接、敷设		2
综合布线测试实训，掌握常用网络布线测试验收工具的使用	实训 1：Fluke DSX2-5000 的使用 实训 2：清华易训 Cable 600/800/900 光纤测试仪的使用	清华易训 Cable 600/800/900 光纤实训测试仪	4
综合布线工程验收和管理，了解掌握综合布线工程验收原则、验收内容、鉴定手段等	实训：编制综合布线竣工技术文档	Office、Visio 等软件	2
总学时			55

第 8 章

综合布线系统端接技能实训

实训一 标准网络机架和设备安装

【典型工作任务导引】

综合布线系统工程中,设备间和管理间需要布置安装管理机柜和交换机、路由器、网络配线架、110 型通信跳线架等网络设备,正确快速安装这些设备,是综合布线系统从业人员的基本技能。

【实训技能要求】

(1)掌握标准网络机架和实训设备的安装。

(2)认识常用的网络综合布线系统工程器材和设备。

(3)掌握网络综合布线常用工具和安装操作技巧。

【实训任务】

(1)设计网络机架内设备的安装施工图。

(2)完成开放式标准网络机架的安装。

(3)完成 1 台 19 寸 6U 清华易训 E-Training Cable 300 线缆实训仪安装。

(4)完成 1 台 19 寸 6U 清华易训 E-Training Cable 500 通信线缆实训仪安装。

(5)完成 1 个 19 寸 1U 24 口标准网络配线架安装。

(6)完成 1 个 19 寸 1U 110 型标准通信跳线架安装。

(7)完成 2 个 19 寸 1U 标准理线环安装。

(8)完成电源安装。

【实训设备、材料和工具】

开放式网络机柜底座 1 个,侧立板 2 个,顶盖板 2 个,电源插座和配套螺钉,清华易训 Cable 300 线缆端接实训仪,清华易训 E-Training Cable 500 通信线缆实训仪,24 口标准网络配线架,1U 110 型标准通信跳线架,19 寸 1U 标准理线环、配套螺钉、螺母、配套十字螺钉旋具、活扳手、内六方扳手等。

【实训步骤】

(1)设计网络机柜施工安装图。根据要求,布置好标准机架的安装放置位置,用 Visio 软件设计机柜设备安装位置图,或者参考厂商提供的安装示意图。

(2)安装器材和工具准备。将设备开箱,逐一清点安装组件,按照安装顺序摆置好各个组件。

(3)机柜安装。按照设计好的标准开放式机柜安装图,或者按照厂商提供的安装示意图,把底座、侧板、顶盖、电源等进行逐一装配,保证安装垂直,牢固。

（4）网络设备和实训仪器的安装。按照设计好的施工图纸安装全部网络设备，保证每台设备位置正确，左右整齐和平直。

（5）检查和通电。设备安装完毕后，按照施工图纸仔细检查，确认全部符合施工图纸后，接通电源进线测试。

设备安装流程图、标准网络机架和设备安装实训结构图分别如图 8-1 和图 8-2 所示。

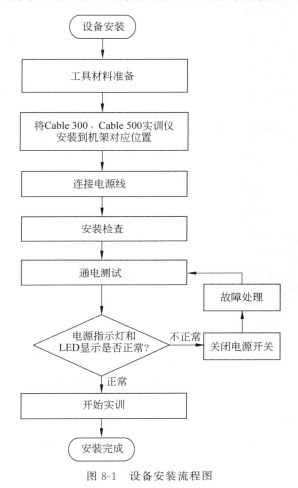

图 8-1　设备安装流程图

【实训任务拓展】

（1）完成网络机柜设备安装施工图的设计。

（2）总结标准网络机架和实训设备安装流程和要点。

（3）写出标准 1U 机架跳线架和 6U 实训设备的规格和安装孔尺寸。

实训二　双绞线线缆端接故障演示测试

【典型工作任务导引】

有数据表明，常见的计算机网络通信故障，大部分发生在综合布线系统中，其中，线缆端接故障占有很大比重。熟悉掌握双绞线线缆端接故障

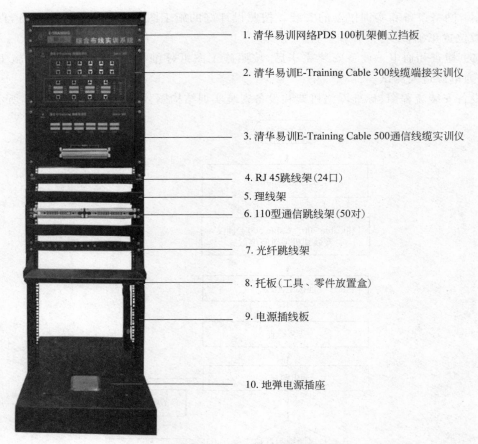

1. 清华易训网络PDS 100机架侧立挡板

2. 清华易训E-Training Cable 300线缆端接实训仪

3. 清华易训E-Training Cable 500通信线缆实训仪

4. RJ 45跳线架(24口)

5. 理线架

6. 110型通信跳线架(50对)

7. 光纤跳线架

8. 托板(工具、零件放置盒)

9. 电源插线板

10. 地弹电源插座

图 8-2　标准网络机架和设备安装实训结构图

类型和具备快速排除故障能力,是对综合布线系统从业人员的基本要求。

【实训技能要求】

(1)认识常见双绞线端接故障的类型。

(2)区别和理解双绞线 4 个线对的概念。

(3)熟悉 T568B 和 T568A 标准,熟练选择各种标准双绞线跳线。

【实训任务】

(1)完成线缆端接故障演示的七种类型测试。

(2)理解画出常见端接故障的接线图的线对图形。

【实训设备、材料和工具】

清华易训 E-Training Cable 300 线缆实训仪 1 台、Cat5e 标准跳线 2 根。

【实训步骤】

(1)打开清华易训 E-Training Cable 300 线缆实训仪电源,指示灯显示正常工作。

(2)将一根 Cat5e 标准跳线的一端水晶头插入 Cable 300 线缆实训仪的"故障演示"功能区中的第一组(标识为"正确")上方 RJ 45 接口,另一端水晶头插入 Cable 300 线缆实训仪的"跳线测试"功能区的第一组上方 RJ 45 接口。

(3)将另外一根 Cat5e 标准跳线一端水晶头插入 Cable 300 线缆实训仪的"故障演示"

功能区中的第一组(标识为"正确")下方 RJ 45 接口,另一端插入 Cable 300 线缆实训仪的"跳线测试"功能区的第一组下方 RJ 45 接口,如图 8-3 所示。

(4) 观察线缆实训仪 Cable 300 的第一组 LED 灯闪亮顺序,注意正确端接的双绞线线缆 LED 灯闪亮表示的双绞线线序。

(5) 重复以上步骤,依次选择"开路""交叉""反接""跨接""短路""串扰"RJ 45 端口,插入对应双线跳线,观察线缆实训仪 Cable 300 对应的 LED 灯闪亮情况,对比和认识每组对应的端接故障线缆的线序,分析对应故障的形成和解决办法,如图 8-4～图 8-8 所示。

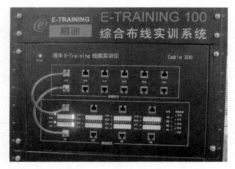

图 8-3 易训 Cable 300 故障演示"正确"

图 8-4 易训 Cable 300 故障演示"开路"

图 8-5 易训 Cable 300 故障演示"交叉"

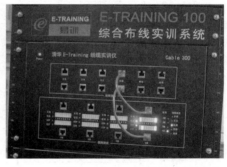

图 8-6 易训 Cable 300 故障演示"反接"

图 8-7 易训 Cable 300 故障演示"跨接"

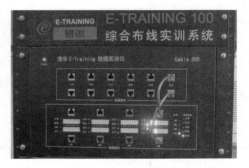

图 8-8 易训 Cable 300 故障演示"短路"

【相关知识】

常见双绞线端接故障包括正确、交叉、跨接、反接、短路、开路、串绕等,其对应接线图如表 8-1 所示。

表 8-1　双绞线端接故障接线图界面

接线图	示 意 图 形	测 试 界 面
正确		
交叉		
跨接		
反接		
短路		
开路		
串绕		

实训三　RJ 45 头压接和标准跳线制作

【典型工作任务导引】

综合布线系统工程中,进行系统安装调试与日常运维工作,经常需要制作各种设备连接跳线和工作区跳线,保障布线系统连接畅通,熟练正确掌握 RJ 45 网络跳线制作与测试是从业人员的基本技能。

【实训技能要求】

(1) 认识 RJ 45 水晶头,掌握 RJ 45 水晶头的制作工艺及操作规程,熟练制作各种标准的跳线。

(2) 熟悉 T568B 标准,熟练选择各种标准的双绞线跳线。

(3) 掌握各种 RJ 45 水晶头和网络跳线的测试方法。

(4) 掌握双绞线压接常用压接工具的使用。

【实训任务】

(1) 完成双绞线两端剥线、线对色序分离。

(2) 完成 3 根双绞线跳线的制作。

(3) 完成 3 根双绞线跳线的测试。

【实训设备、材料和工具】

清华易训 E-Training Cable 300 线缆实训仪 1 台,0.5m 长的网线 3 根,水晶头 6 个,剥线钳、压线钳各一把。

【实训步骤】

(1) 首先用压线钳剥去双绞线一端约 30mm 的绝缘套、注意不能损伤八根线缆。

(2) 将 4 对双绞线线缆拆开,按照 T568B 标准(即线对顺序为橙白、橙、绿白、蓝、蓝白、绿、棕白、棕),将线对排列好。用压线钳剪掉多余的部分,留下约 15mm 长度的裸露线缆。

(3) 将 RJ 45 水晶头刀片向上,插入排列好的双绞线,用压线钳压紧,如图 8-9 和图 8-10 所示。

图 8-9　水晶头刀片冲上,按照正确　　图 8-10　用压线钳将水晶头压紧
　　　　顺序把线对压入水晶头

(4) 重复以上步骤,完成另一端水晶头制作,完成一根标准的网络跳线制作,如图 8-11 和图 8-12 所示。

(5) 用压制好的一根双绞线跳线,把两端的 RJ 45 水晶头分别插入 Cable 300 实训仪面板上"跳线测试"功能区的第一组的 RJ 45 插孔中,此时 LED 灯闪亮顺序即可显示此跳线的线序和通断情况,并可显示出线序类型的具体判断结果,如交叉、开路、短路、跨接等。

图 8-11 制作完毕的双绞线水晶头　　　图 8-12 制作完成的双绞线跳线

易训 Cable 300 实训仪跳线测试接线图第一组和完成全部四组分别如图 8-13 和图 8-14 所示。

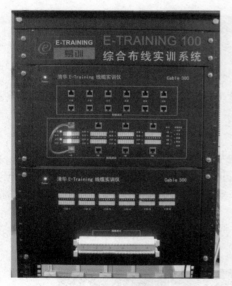

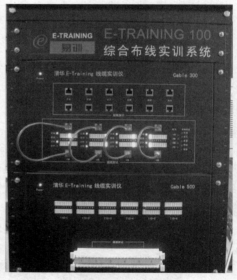

图 8-13 跳线测试第一组　　　　　　　图 8-14 跳线测试全部组别

【实训任务拓展】

(1) 写出双绞线 8 芯线的色谱和 T568B 和 T568A 的端接线序。

(2) 写出 RJ 45 水晶头端接线的原理。

(3) 写出制作网络标准跳线的方法和注意事项。

(4) 思考标准跳线中直通线和交叉线的区别,以及应用的场合。

实训四 网络信息模块和电话模块压接

【典型工作任务导引】

综合布线系统工程中,水平子系统到工作区子系统需要安装大量的信息插座,信息插座中包括网络信息模块和电话模块。网络信息模块和电话模块的正确压接,是整个综合布线系统畅通的基本保证。

【实训技能要求】

(1) 认识网络信息模块和电话信息模块。

(2) 区分手工压接和自动压接信息模块的不同。

(3) 熟悉网络信息模块和电话模块的纤芯压接顺序。

【实训任务】

(1) 完成手工网络信息模块和电话模块的压接。

(2) 完成免打压网络信息模块和电话模块的压接。

(3) 完成网络信息模块与电话模块卡装到双口面板。

【实训设备、材料和工具】

剥线钳、压线钳、偏口钳、简易压线钳、手工网络信息模块 1 个、手工电话信息模块 1 个、免打压网络信息模块 1 个、免打压电话信息模块 1 个、双口信息面板 2 个,50cm 的超 5 类(Cat5e)双绞线跳线 2 根,50cm 标准四芯电话线 2 根。

【实训步骤】

1. 手工网络信息模块和电话模块压接

(1) 将一根超 5 类双绞线的一端用剥线钳剥开护套 3cm 左右,按照图 8-15 所示,分开 4 对纤芯,纤芯顺序为蓝白、蓝、橙白、橙、绿白、绿、棕白、棕。

(2) 选择 1 个手工网络信息模块,用简易压线钳将分开的 4 对纤芯,按照网络信息模块侧面的 T568B 色谱提示,分别压入模块线槽中,如图 8-16 所示,随后用偏口钳剪掉多余的线头,如图 8-17 所示。

(3) 将一根标准四芯电话线的一端用剥线钳剥开护套 3cm 左右,分开 2 对纤芯,纤芯顺序为橙、蓝、橙白、蓝白。

(4) 简易压线钳将分开的 2 对纤芯,按照电话信息模块侧面的 T568B 色谱提示,分别压入线槽,随后用偏口钳剪掉多余的线头。

图 8-15　剥除纤芯护套

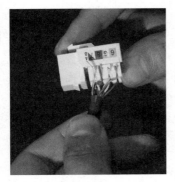

图 8-16　按照色谱压接纤芯

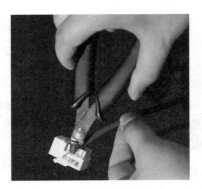

图 8-17　剪掉多余的线头

2. 免打压网络信息模块和电话模块压接

（1）将一根超 5 类双绞线一端用剥线钳剥开护套 3cm 左右，如图 8-18 所示，分开 4 对纤芯，纤芯顺序为棕白、棕、绿、蓝、蓝白、绿白、橙白、橙。

（2）选择 1 个免打压网络信息模块，将分开的 4 对纤芯，按照模块侧面的 T568B 色谱提示，依次压入免打信息模块的线槽中。

（3）用力向下扣压网络信息模块上盖，完成网络信息模块纤芯压接，随后用偏口钳剪掉多余的线头，如图 8-19～图 8-22 所示。

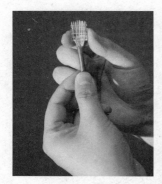
图 8-18　将纤芯依次压入线槽

图 8-19　剪掉多余的线头

图 8-20　将纤芯置入模块中

图 8-21　用力下压线槽盖

图 8-22　完成后的免打压模块

（4）将一根 4 芯电话线，一端用剥线钳剥开护套 3cm 左右，分开 2 对纤芯，纤芯顺序为棕、蓝、蓝白、棕白。

（5）选择 1 个免打压电话模块，将分开的 4 对纤芯，按照模块侧面的 T568B 色谱提示，依次压入免打电话模块的线槽中，如图 8-23 所示。

（6）用力向下扣压电话模块上盖，完成电话模块纤芯线缆压接，随后用偏口钳剪掉多余的线头，如图 8-24 所示。

3. 安装模块到信息面板插座

单口、双口信息插座和信息面板如图 8-25 和图 8-26 所示，将上述制作好的 1 个免打压网络信息模块和 1 个免打压信息模块，分别卡入双口信息模块插座面板上，如图 8-27 所示，进行压接状态测试。将上述制作好的 1 个手工压接网络信息模块和 1 个手工压接电话信息模块,分别卡入双口信息模块插座面板上,如图 8-28 所示,进行压接状态测试。

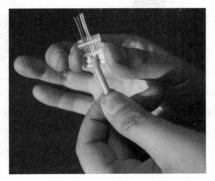

图 8-23　将电话纤芯穿入卡槽　　　　　图 8-24　压制好的电话信息模块

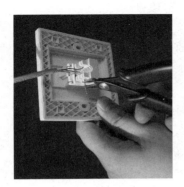

图 8-25　单口面板　　　　　　图 8-26　单口、双口信息面板

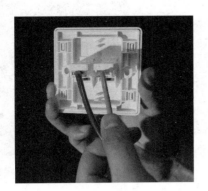

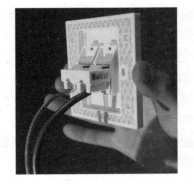

图 8-27　双口免打压网络信息插座　　　图 8-28　双口手工压接网络和
　　　　　　　　　　　　　　　　　　　　　　电话信息插座面板

【实训任务拓展】

(1) 网络信息模块和电话信息模块的区别有哪些。

(2) 手工压接信息模块和免打压信息模块压接过程。

(3) 如何使用清华 Cable 800 线缆实训仪测试制作好的信息模块。

实训五　110型通信跳线架压接（6根双绞线铜缆）

【典型工作任务导引】

综合布线系统的最大特点是利用同一接口和同一种传输介质，使各种不同信息实现传输，这一特性主要通过连接不同信息的配线架之间的跳接来实现。110型通信跳线架（又称110型配线架），作为综合布线系统的核心产品，起着传输信号的灵活转接、灵活分配以及综合统一管理的作用。110型通信跳线架的正确连接和压接是设备间子系统和管理间子系统畅通的重要保证。

【实训技能要求】

（1）熟练掌握110型通信跳线架模块压接方法。

（2）熟练掌握网络配线架模块的压接方法。

（3）掌握110型通信跳线架常用压接工具和使用技巧。

【实训任务】

按照图示进行110型通信跳线架6根双绞线的压接。线路连接方式为仪器面板110型通信跳线架模块上排至110型通信跳线架模块下排。

【实训设备、材料和工具】

Cable 500线缆实训仪、简易打线器、偏口钳、剥线钳、0.5m长双绞线6根。

【实训步骤】

（1）用剥线钳将一根跳线的两头剥去3～4cm的绝缘皮。

（2）将剥开的一头四对线缆按蓝白、蓝、橙白、橙、绿白、绿、棕白、棕顺序排列，制作双绞线接头，如图8-29所示。

（3）选择Cable 500线缆实训仪面板上110配线架下排第一组4对连接块，对应110配线架线槽颜色，用简易打线器按照此顺序，逐一将线缆压入110配线架线槽中，如图8-30所示，检查线序。

（4）将此线缆另外一头四对线缆按蓝白、蓝、橙白、橙、绿白、绿、棕白、棕顺序排列。选择110配线架上排第一组4对连接块，对应110配线架线槽颜色，用简易打线器按照此顺序，逐一将线缆压入110配线架线槽中，如图8-30所示，检查线序。

图8-29　制作双绞线接头

（5）检查顺序正确后，用偏口钳将露出的多余线头剪掉。

（6）在打压过程中，同时观察LED灯闪亮的顺序，如果出现错误，及时纠正，如图8-31所示。

（7）重复以上步骤，完成六组双绞线的打压试验，如图8-32所示。最后一组即第六组为五对连接块，最后两个灰色线槽为空置，不压接线缆。

（8）观察LED灯的闪亮顺序，总结打压经验。

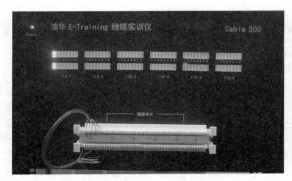

图 8-30　按照蓝橙绿棕顺序排列,压入线槽

图 8-31　第一组压接实训

图 8-32　第六组压接实训

【实训说明】

110 型通信跳线架压接顺序遵照国家标准 T568B 进行压接,颜色线对从左至右依次为蓝色、橙色、绿色、棕色,将拆散的双绞线 4 色线对,依次按照标签颜色压入 110 网络配线架模块线槽内。端接的同时,LED 灯闪亮情况和顺序即可实时显示此线缆的压接线序图示和通断情况,端接完成后会给出正确和错误的结果判断。

实际工程中,常使用大对数线缆,成对依次将一对线缆压入 110 配线架线槽内。110 配线架的插槽为 50 线,共可提供 6 根双绞线 48 个插槽使用(本实训最后 2 个插槽不使用)。

实训六　110 型通信跳线架压接(4 根 25 对大对数线缆)

【典型工作任务导引】

大对数线缆在综合布线系统中,通常与 110 型通信跳线架(又称 110 型配线架)端接组成干线子系统。

【实训技能要求】

(1) 熟悉掌握 25 对、50 对、100 对大对数线缆的色谱顺序。

(2) 熟练掌握大对数线缆在 110 型通信跳线架的端接方法。

(3) 掌握 110 型通信跳线架常用压接工具和使用技巧。

【实训任务】

按照图示进行 110 型通信跳线架 4 根 25 对大对数线缆的压接。线路连接方式为仪器面板 110 型通信跳线架模块上排至 110 型通信跳线架模块下排。

【实训设备、材料和工具】

Cable 500 线缆实训仪、简易打线器、偏口钳、剥线钳、25 对大对数线缆 4 根。

【实训步骤】

（1）从机柜进线处开始整理电缆，电缆沿机柜两侧整理至配线架处，并留出大约 25cm 的大对数电缆，用剪刀把大对数电缆的外皮剥去，如图 8-33 所示。

（2）使用绑扎带固定好电缆，将电缆穿过 110 语音配线架一侧的进线孔，摆放至配线架打线处，如图 8-34 所示。压接时，事先将每一对线缆拧一下，防止线缆凌乱混淆。

（3）25 对线缆进行线序排线，首先进行主色分配，如图 8-35 所示；再按副色分配，如图 8-36 所示。通信电缆色谱排列：线缆主色为白、红、黑、黄、紫；线缆副色为蓝、橙、绿、棕、灰。一组线缆为 25 对，以色带来分组。

图 8-33　剥去大对数线缆外皮

图 8-34　将大对数线缆穿过进线孔

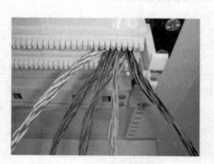

图 8-35　主色分配

图 8-36　副色分配

（4）根据电缆色谱排列顺序，将对应颜色的线对逐一压入槽内，如图 8-37 所示，然后使用 110 打线工具固定线对连接，同时将伸出槽位外多余的导线截断。在截断时需注意刀要与配线架垂直，刀口向外，如图 8-38 所示。

（5）准备 5 对打线工具和 110 连接块，如图 8-39 所示。接连接块放入 5 对打线工具中，如图 8-40 所示，把连接块垂直压入槽内，如图 8-41 所示，并贴上编号标签。在 25 对的 110 配线架基座上安装时，应选择 5 个 4 对连接块和 1 个 5 对连接块，或 5 个 5 对连接块。从左到右完成白区、红区、黑区、黄区和紫区的安装，这与 25 对大对数电缆的安装色序一致，完成后的效果图如图 8-42 所示。

（6）如果端接 5 对连接块，则需要 5 个 5 对连接块，对应 110 配线架上的色标，按照顺序依次压入即可，5 对与 4 对连接块如图 8-43 所示。

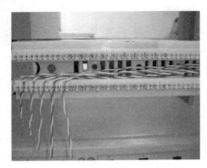

图 8-37　线缆按颜色压入槽内

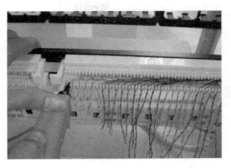

图 8-38　截断导线时的刀口方向

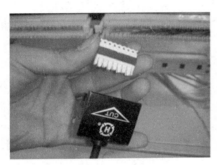

图 8-39　连接块和打线工具

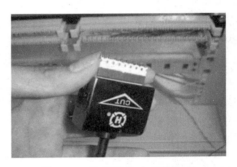

图 8-40　连接块放入打线工具

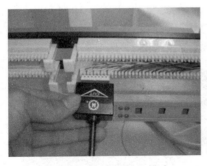

图 8-41　连接块压入槽内

图 8-42　按色序完成安装

图 8-43　5 对与 4 对连接块（色块）

实训七 RJ 45 网络配线架和 110 型通信跳线架组合压接

【典型工作任务导引】

综合布线系统工程中,设备间、配线间的数据、语音通信线缆,需要 RJ 45 网络配线架和 110 型通信跳线架的端接,熟练、正确进行二者的组合端接,以保证线路畅通。

【实训技能要求】

(1)熟练掌握 110 型通信跳线架模块压接方法。

(2)熟练掌握 RJ 45 网络配线架模块的压接方法。

(3)掌握 110 型通信跳线架和 RJ 45 网络配线架常用压接工具和使用技巧。

【实训任务】

按要求进行 110 型通信跳线架压接,包括 12 根双绞线的组合压接。线路连接方式为仪器面板 110 型通信跳线架模块上排至 RJ 45 网络配线架前端网口,仪器面板 110 型通信跳线架模块下排至 RJ 45 网络配线架后端槽。

【实训设备、材料和工具】

Cable 500 线缆实训仪,压线钳、剥线钳、简易打线器、偏口钳各 1 把,0.3m 长双绞线 12 根,水晶头 6 个。

【实训步骤】

(1)用剥线钳将一根双绞线的一头外绝缘套剥开,将 4 线对打散、拆开,如图 8-44 所示,按照 T568B 标准(线序颜色:橙白、橙、绿白、蓝、蓝白、绿,棕白、棕),用压线钳制作标准水晶头。

(2)将水晶头插入机架下方 RJ 45 配线架正面第一组的 RJ 45 接口中。

(3)用剥线钳将这根双绞线的另外一头外绝缘套剥开,将其中的 4 线对打散、拆开,用简易打线器压入 Cable 500 线缆实训仪面板上 110 型通信跳线架上面第一组插槽内,压线顺序为四色顺序(蓝白、蓝、橙白、橙、绿白、绿,棕白、棕),如图 8-45 所示。

图 8-44 剥开双绞线外绝缘套

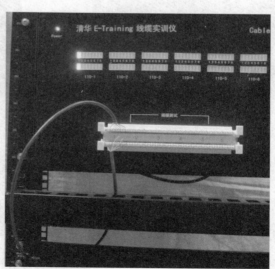

图 8-45 将线缆压入 110 通信跳线架对应颜色的线槽

（4）检查顺序正确后，用偏口钳将露出的多余线头剪掉。

（5）同样方式制作另外一根双绞线跳线，一端压入 Cable 500 线缆实训仪面板上 110 型通信跳线架下面第一组插槽内，另外一端按照四色顺序，压入机架下方 RJ 45 网络跳线架背面第一组线槽内，压线顺序为四色顺序（蓝白、蓝、橙白、橙、绿白、绿、棕白、棕），如图 8-46 和图 8-47 所示。

图 8-46　用简易压线钳压入 RJ 45 跳线架对应颜色线槽

图 8-47　RJ 45 网络配线架连接顺序

（6）以上即可形成一条链路，如图 8-48 所示。压接过程中，仔细观察上 Cable 500 线缆实训仪面板第一组 LED 灯闪亮顺序的显示，及时排除端接过程中出现的错接等常见故障。

（7）重复以上步骤，完成 5 根四组链路的压接测试。

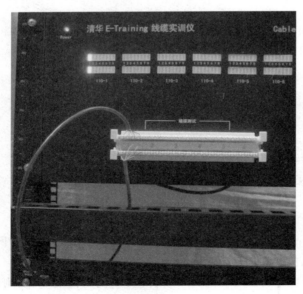
图 8-48　完成的第一组组合压接

【实训任务拓展】

（1）设计 1 个 110 型通信跳线架到 RJ 45 跳线架的链路回路，并通过测试。

（2）理解和分析 110 型通信跳线架和 RJ 45 跳线架的不同之处。

（3）理解 RJ 45 跳线架的组别顺序和压接线对的色别顺序。

（4）设计一个电话通信回路，使用双绞线的前四根线缆或电话线缆做电话信息传输。

实训八　基本永久链路

【典型工作任务导引】

永久链路是综合布线系统中信息点到楼层配线设备（RJ 45 网络配线架等）之间的传输线路，是工作区用户网络出口的重要一环，基本永久链路的正确端接非常重要。

【实训技能要求】

（1）掌握网络永久链路的概念。

（2）掌握标准跳线制作方法和技巧。

（3）掌握 RJ 45 网络配线架的端接方法。

【实训任务】

按照图 8-49 所示，完成 4 组基本永久链路的端接。

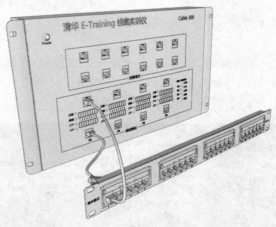

图 8-49　基本永久链路示意图

【实训设备、材料和工具】

Cable 300 线缆实训仪，打线器，双绞线 8 根，RJ 45 网络水晶头 12 个，简易打线器、偏口钳、剥线钳、压线钳各一把。

【实训步骤】

（1）使用两个水晶头和一根网线，按照跳线制作标准 T568B 制作网络跳线，即线序为：橙白、橙、绿白、蓝，蓝白、绿、棕白、棕。

（2）将跳线的两头分别插入 Cable 300 线缆实训仪面板上"跳线测试"功能区的第一组上下两个 RJ 45 测试接口中，观察 LED 灯闪亮顺序，测试通过，保证跳线制作合格。

（3）将此跳线一端插在 Cable 300 线缆实训仪的面板上"跳线测试"功能区的第一组上方 RJ 45 口中，另一端插在下方配线架第一组 RJ 45 口中。

（4）把第二根网线一端首先按照 T568B 线序做好 RJ 45 水晶头，然后插在 Cable 300

线缆实训仪面板上"跳线测试"功能区的第一组下方的 RJ 45 口中。把这根网线另一端绝缘皮剥开 30mm，将 4 对线缆拆开、打散，如图 8-50 所示，按照 T568B 的 4 对颜色标准线序，端接在 RJ 45 网络配线架反面对应第一组模块中，即蓝白、蓝、橙白、橙、绿白、绿、棕白、棕的顺序，如图 8-51 所示，形成一个 4 次端接的永久链路。

（5）压接好模块后，如图 8-52 所示，观察 Cable300 的 LED 灯显示的测试结果，观察线序结果，如果上下 8 个 LED 灯同时依次顺序闪亮，表示测试结果合格，链路畅通合格，如图 8-53 所示。

（6）重复以上步骤，完成 4 个基本永久链路和测试。

图 8-50　按照蓝橙绿棕顺序排列 4 对线缆

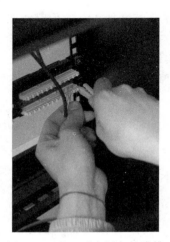

图 8-51　压入对应颜色的线槽

图 8-52　RJ 45 跳线架背面线槽压接

图 8-53　基本链路测试实训连接

【实训任务拓展】

（1）设计 1 个带 CP 集合点的综合布线永久链路图。

（2）总结永久链路的端接技术，区别 T568A 和 T568B 的端接线顺序和方法。

（3）总结 RJ 45 模块和 4 对连接模块端接方法。

实训九　复杂永久链路

【典型工作任务导引】

复杂永久链路是综合布线系统中信息点到设备间（RJ 45 网络配线架、110 型通信跳线架等）之间的传输线路，链路中间经过多次端接，保证每一次端接的正确与稳定是整个布线系统畅通的前提。

【实训技能要求】

(1) 设计复杂永久链路图。

(2) 熟练掌握 110 通信跳线架和 RJ 45 网络配线架端接方法。

(3) 掌握永久链路测试技术。

【实训任务】

按照图 8-54 所示，完成 4 组基本永久链路的端接。

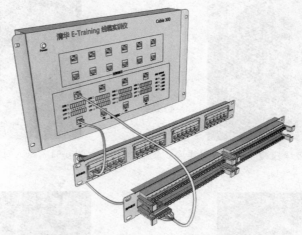

图 8-54　复杂永久链路连接示意图

【实训设备、材料和工具】

Cable 300 线缆实训仪，RJ 45 水晶头 12 个，500mm 网线 12 根，110 型通信跳线架 4 个，连接块 4 对、剥线器 1 把，压线钳 1 把，简易打线器 1 把，偏口钳 1 把等。

【实训步骤】

(1) 准备材料和工具，打开 Cable 300 线缆实训仪电源开关。

(2) 按照 T568B 标准，制作两端 RJ 45 水晶头，制作完成第一根网络跳线，两端 RJ 45 水晶头插入 Cable 300 线缆实训仪"跳线测试"功能区第一组上下 RJ 45 接口，观察 LED 灯闪亮顺序，测试合格后将一端插在 Cable 300 线缆实训仪面板"跳线测试"功能区第一组下部的 RJ 45 口中，另一端插在机架下方 RJ 45 网络配线架正面的第一组 RJ 45 接口中。

(3) 将第二根网线两端剥去绝缘皮 30mm，将两端线缆拆开，一端按照 T568B 的四对色标准，即蓝白、蓝、橙白、橙、绿白、绿、棕白、棕的顺序排列，如图 8-55 所示。用简易压线钳端接在机架下方 RJ 45 网络配线架模块背面的第一组线槽中，如图 8-56 所示。另一端同样按照 T568B 的四对色顺序，用简易压线钳端接在 110 型通信跳线架的下层第一组位置上，如图 8-57 所示。

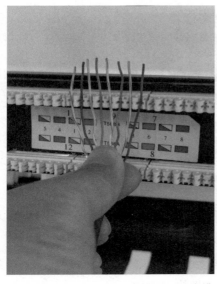
图 8-55　按蓝橙绿棕顺序排列 4 对线缆

图 8-56　用简易压线钳压入对应颜色的线槽

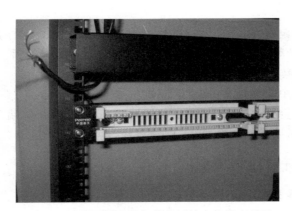
图 8-57　110 通信跳线架模块压接和连线实物图

（4）用 110 打线器，将一个 110 型通信跳线架 4 色模块压接在 110 型通信跳线架的下层第一组对应位置上。

（5）将第三根网线一端按照 T568B 标准，端接好 RJ 45 水晶头，插在 Cable 300 线缆实训仪面板"跳线测试"功能区第一组上部的 RJ 45 口中，另一端剥去绝缘皮 30mm，拆开，按照 T568B 的四对色顺序，端接在机架下方 110 型通信跳线架模块上层第一组模块上，端接时，Cable300 的 LED 灯实时显示线序和电气连接情况。

（6）完成上述步骤，就形成了一个有 6 次端接的复杂永久链路，如图 8-58 所示。

（7）重复以上步骤，完成 4 个复杂永久链路和测试。

【实训任务拓展】

（1）设计 1 个复杂永久链路图。

（2）总结永久链路的端接和施工技术。

（3）总结网络链路端接种类和方法。

图 8-58　复杂永久链路连接图

【相关知识】

　　永久链路又称固定链路,在国际标准化组织 ISO/IEC 所制定的增强 5 类、6 类标准及
TIA/EIA568B 中新的测试定义中,定义了永久链路测试方式,它将代替基本链路方式。永
久链路方式供工程安装人员和用户,测量所安装的固定链路的性能。永久链路连接方式由
90m 水平电缆和链路中相关接头(必要时增加一个可选的转接/汇接头)组成,与基本链路
方式不同的是,永久链路不包括现场测试仪插接线和插头,以及两端 2m 测试电缆,电缆总
长度为 90m,而基本链路包括两端的 2m 测试电缆,电缆总计长度为 94m。

实训十　多模光纤跳线端接测试

【典型工作任务导引】

　　多模光纤是综合布线系统中应用最广泛的光纤类型之一,多模光纤的芯线标称直径规
格为 62.5μm /125μm 或 50μm /125μm,外套颜色一般为橙色。

【实训技能要求】

　　(1) 了解多模光纤的知识。

　　(2) 熟练掌握多模光纤跳线各种耦合器的分类和区别。

　　(3) 掌握测试和接插多模光纤跳线耦合器的使用技巧。

　　(4) 了解光纤熔接的方法和过程。

【实训任务】

　　完成 SC-SC、SC-ST、LC-LC 三组多模光纤跳线端接测试。

【实训设备、材料和工具】

　　多模光纤跳线 6 根,包括 SC-SC、SC-ST、LC-LC 三种类型。

【实训步骤】

　　(1) 在清华易训 Training Cable 800 光缆实训仪触摸屏幕上选择"实验五光纤跳线测
试"按钮,如图 8-59 所示;进入下一级界面,选择"2 多模光纤测试"按钮,如图 8-60 所示。

图 8-59　选择"实验五光纤跳线测试"按钮

图 8-60　选择"2 多模模光纤测试"按钮

（2）将准备好的 SC-SC 多模光纤跳线两头分别插入清华易训 Training Cable 800 光缆实训仪的"光纤端接测试"功能区的第一组耦合器中，注意力度和方向。

（3）观察清华易训 Training Cable 800 光缆实训仪触摸液晶显示屏的显示界面，判断此根 SC-SC 类型的多模光纤跳线的通断情况，如图 8-61 和图 8-62 所示。

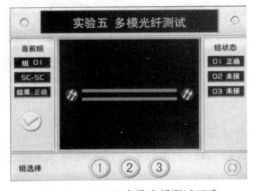

图 8-61　SC-SC 多模光纤测试正确

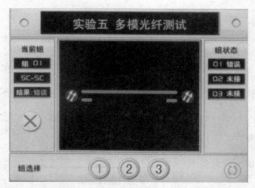

图 8-62　SC-SC 多模光纤跳线中的一根不正确

（4）重复以上工作，将 SC-ST 和 LC-LC 两种类型的多模光纤跳线分别插入对应类型的耦合器中，进行测试，并观察清华易训 Training Cable 800 光缆实训仪触摸液晶显示屏的显示界面，进行实验结果判断，如图 8-63～图 8-66 所示。

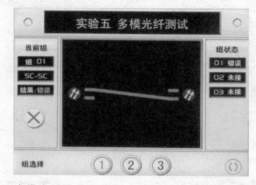

图 8-63　SC-SC 多模光纤跳线的其中一根不正确，两头耦合器插入顺序不正确

图 8-64　SC-SC 多模光纤跳线正确（示意图）

【实训任务拓展】

（1）理解不同耦合器类型所连接设备的不同。

（2）有条件设计光纤通信回路，利用机架上的光纤跳线架进行光纤链路实训。

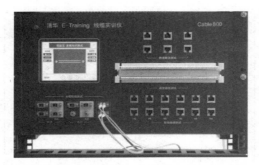

图 8-65　LC-LC 多模光纤跳线正确(示意图)

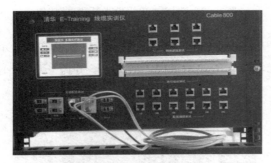

图 8-66　SC-ST 多模光纤跳线正确(示意图)

实训十一　单模光纤跳线端接测试

【典型工作任务导引】

单模光纤也是综合布线系统中应用最广泛的光纤类型之一,单模光纤的芯线标称直径规格为(8~10)μm /125μm,外套颜色一般为黄色。单模光纤跳线的纤芯直径比较小,光波沿着一条直线路径进行光传播,不会从边缘反弹,避免了色散和光能量的浪费,故单模光纤跳线可以实现更低的衰减,使信号能传播地更快更远。

【实训技能要求】

(1) 了解单模光纤的知识。

(2) 熟练掌握单模光纤跳线的各种耦合器的分类和区别。

(3) 掌握测试和接插单模模光纤跳线耦合器的使用技巧。

(4) 了解光纤熔接的方法和过程。

【实训设备、材料和工具】

单模光纤跳线 6 根,包括 SC-SC、SC-ST、LC-LC 三种类型。

【实训步骤】

(1) 在清华易训 Training Cable 800 光缆实训仪触摸屏幕上选择"实验五光纤跳线测试"按钮,进入下一级界面,选择"1 单模光纤测试"按钮,如图 8-67 所示。

(2) 将准备好的 SC-SC 单模光纤跳线两头分别插入清华易训 Training Cable 800 光缆实训仪的"光纤端接测试"功能区的第一组耦合器中,注意力度和方向。

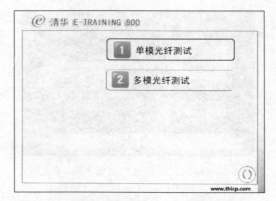

图 8-67　选择"1 单模模光纤测试"按钮

（3）观察清华易训 Training Cable 800 光缆实训仪触摸液晶显示屏的显示界面，判断此根 SC-SC 类型的单模光纤跳线的通断情况，如图 8-68 和图 8-69 所示。

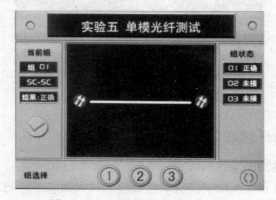

图 8-68　SC-SC 单模光纤跳线正确

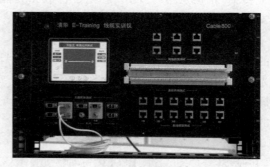

图 8-69　SC-SC 单模光纤跳线正确（示意图）

（4）重复以上工作，将 SC-ST 和 LC-LC 两种类型的单模光纤跳线分别插入对应类型的耦合器中，进行测试，并观察清华易训 Training Cable 800 光缆实训仪触摸液晶显示屏的显示界面，进行实验结果判断，如图 8-70～图 8-74 所示。

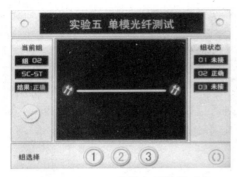

图 8-70　SC-ST 单模光纤跳线正确

图 8-71　SC-ST 单模光纤跳线正确(示意图)

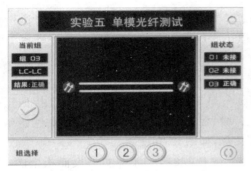

图 8-72　LC-LC 单模光纤跳线正确

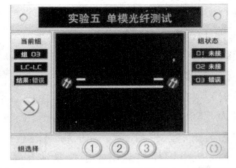

图 8-73　LC-LC 单模光纤跳线其中一根不正确

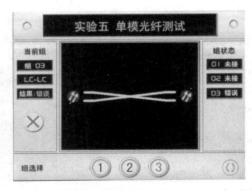

图 8-74　LC-LC 单模光纤跳线耦合器连接不正确,线缆交叉

【实训任务拓展】

(1) 熔接三组光纤跳线并测试通过。

(2) 理解和分析单模和多模光纤的区别和相同之处。

(3) 理解不同耦合器类型所连接设备的不同。

(4) 有条件设计光纤通信回路,利用机架上的光纤跳线架进行光纤链路实训。

实训十二 110 型通信跳线架连接模块更换

【典型工作任务导引】

110 型通信跳线架连接模块经过几十次,甚至数百次以上端接后,可能出现因电气接触不良或部件磨损导致的故障,这时需更换新的连接模块。综合布线实训教学仪器使用过程中,为了教学效果和节约利用,也经常会遇到 110 型通信跳线架连接模块更换的问题,因此需要熟练掌握更换连接模块的方法,而不损伤到 110 型通信跳线架本身。

【实训技能要求】

(1) 区分 110 型通信跳线架连接模块类型。

(2) 更换 110 型通信跳线架连接模块。

【实训设备、材料和工具】

110 型通信跳线架、虎口钳 1 把、110 型打线器、4 对连接模块 10 个和 5 对连接模块 2 个,即 110 通信跳线架的每一排需要 6 个连接模块,包括 5 个 4 对连接模块和 1 个 5 对连接模块。

【实训步骤】

(1) 观察压接连接模块的双绞线色谱压接顺序。4 对连接模块的双绞线的压接的正确顺序为 T568B 的顺序,即蓝白、蓝、橙白、橙、绿白、绿、棕白、棕。而 5 对连接模块色谱压接顺序为蓝白、蓝、橙白、橙、绿白、绿、棕白、棕、灰白、灰,如图 8-75 所示。

(2) 拔下旧模块。用左手扶紧清华易训 Training Cable 800 光缆实训仪面板上的 110 型通信跳线架,右手用虎口钳(见图 8-76)夹紧 4 对连接模块的中间位置,用力拔下这个 4 对连接模块,4 对连接模块下面的压接的线缆可能会连着松开。

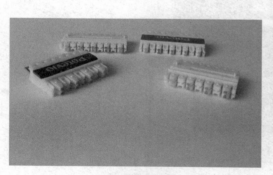

图 8-75 4 对连接块和 5 对连接块

图 8-76 用虎口钳将色块拔出

(3) 压接线缆。把原来模块下端的双绞线线缆轻轻抽出 1cm 左右的长度,用压线钳剪掉多余的损坏的线头,保持线缆平直,完好。按照如图 8-77 所示提示的顺序,使用压线钳重新压接在原来的位置。注意线对的色谱顺序,严禁把线缆位置放错。

(4) 压接新模块。压接线缆完成,使用 110 型打线器,把新的 4 对连接模块,4 对连接模块的颜色从左至右,分别为蓝、橙、绿、棕。按照原来的位置压接上去,就完成了 4 对连接模块更换,如图 8-78 所示。

(5) 逐一更换新模块。清华易训 Training Cable 800 光缆实训仪面板上的 110 通信跳

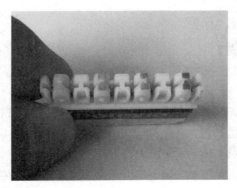

图 8-77　4 对连接块按此色谱顺序压接

图 8-78　用 110 型打线器将新色块压接到原来位置

线架的 110 型通信跳线架的模块必须拔掉一个,立即压接一个新的模块上去。重复以上操作 12 次即可完成。

需要注意每一排最后模块为 5 对 5 色模块。

实训十三　网络铜缆故障

【典型工作任务导引】

综合布线系统中,铜缆故障最常见。常见的铜缆故障类型包括短路、交叉、串绕、级联等,在实际教学过程中,为了提高教学效果,还需要提供自定义故障等功能。熟知国际标准网络布线故障类型,并可进行组合演示、诊断、分析、查询故障等。

【实训技能要求】

(1) 掌握网络电缆永久链路故障的检测和分析。

(2) 判断各类铜缆存在的故障并予以排除。

(3) 掌握网络综合布线电缆链路测试与维护。

【实训任务】

完成 6 根铜缆的检测与分析。

【实训设备、材料和工具】

清华易训 Cable 400-T、清华易训 Cable 200 网络跳线测试仪、Cat5e 跳线若干条。

【实训步骤】

（1）打开铜缆故障实训装置上清华易训网络跳线测试仪 Cable 200 设备电源。

（2）制作两根标准合适长度的 Cat5e 非屏蔽跳线，分别插入网络跳线测试仪 Cable 200 第一组上下 RJ 45 端口，测试正确后备用。

（3）制作两根标准合适长度的 Cat6 非屏蔽跳线，分别插入网络跳线测试仪 Cable 200 第二组上下 RJ 45 端口，测试正确后备用。

（4）将上述制作的两根 Cat5e 非屏蔽跳线，一端水晶头插入网络跳线测试仪 Cable 200 第一组上 RJ 45 端口，另一端水晶头插入 Cable 400-T 网络铜缆故障实训装置工作区第 1 端口，观察记录网络跳线测试仪 Cable 200 LED 指示灯的状态，并记录，故障类型如表 8-2 所示，端口与功能设置如图 8-79 和图 8-80 所示。

表 8-2　清华易训 Cable 400-T 网络铜缆故障实训装置故障设置类型说明表

序号	结果	故障类型	故障说明	线缆类型
链路 1 口	通过	正确	无	
链路 2 口	失败	开路	线对(橙白)1 断开	
链路 3 口	失败	短路	线对 1(橙白、橙短接)	
链路 4 口	失败	反接	线芯 1(橙白、橙)反接	Cat5e 超五类非屏蔽
链路 5 口	失败	级联(错对)	线芯 1、2、3、6 错对	
链路 6 口	失败	串绕(交叉)	线芯 6、7(绿、棕白)反接	
链路 7 口	通过	正确	无	
链路 8 口	失败	开路	线对(橙白)1 断开	
链路 9 口	失败	短路	线对 1(橙白、橙短接)	
链路 10 口	失败	交叉	线芯 1(橙白、橙)反接	Cat6 六类非屏蔽
链路 11 口	失败	级联	线芯 1、2、3、6 错对	
链路 12 口	失败	串绕	线芯 6、7(绿、棕白)反接	

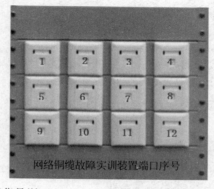

图 8-79　清华易训 Cable 400-T 网络铜缆故障实训装置端口序号

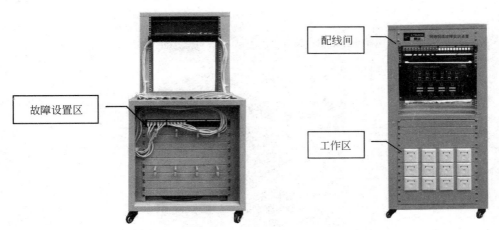

图 8-80　清华易训 Cable 400－T 网络铜缆缆故障实训装置功能区

（5）重复以上步骤，完成 Cable 400-T 网络铜缆故障实训装置工作区 2-6 端口的测试记录。

（6）将上述制作的两根 Cat6 非屏蔽跳线，一端水晶头插入网络跳线测试仪 Cable 200 第一组上 RJ 45 端口，另一端水晶头插入 Cable 400-T 网络铜缆故障实训装置工作区第 7 端口，观察记录网络跳线测试仪 Cable 200 LED 指示灯的状态，并记录。

（7）重复以上步骤，完成 Cable 400-T 网络铜缆故障实训装置工作区 8-12 端口的测试记录。

可使用 Fluke dsx2 5000/8000 等线缆测试仪配套本实训装置，进行更多准确铜缆指标测试。

实训十四　网络光缆故障

【典型工作任务导引】

综合布线系统中，光纤的应用越来越广泛。全光网、光纤入户等应用已非常普遍。判断各类光缆存在的故障参数并予以排除，掌握网络综合布线光缆测试、链路维护是一个合格的综合布线从业人员必备要求。在实际教学过程中，为了提高教学效果，还需要提供自定义光缆故障等功能。

【实训技能要求】

（1）掌握网络光缆链路故障的检测和分析。

（2）判断各类光缆存在的故障并予以排除。

（3）掌握网络综合布线光纤链路测试、维护。

【实训任务】

完成 12 根光缆的检测与分析。

【实训设备、材料和工具】

清华易训 Cable 600-T，清华易训 Cable 900 光纤性能测试仪，单、多模光纤跳线若干条。

【实训步骤】

（1）熟悉本装置功能设置与仪器基本功能，如图 8-81～图 8-84 所示。

图 8-81 网络光缆故障实训装置端口序号

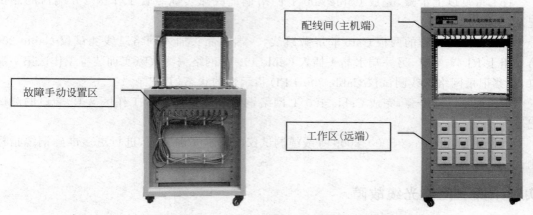

图 8-82 清华易训 Cable 600-T 网络光缆故障实训装置功能区

图 8-83 网络光缆故障实训装置

图 8-84 Cable 900 光纤端接测试实训仪

（2）打开光缆故障实训装置上易训网络光纤测试仪 Cable 900 设备电源。

（3）制作一根标准合适长度的多模光纤跳线（SC-FC），一头插入光纤测试仪 Cable 900 OTDR/LS 端口，SC 头插入 Cable 600-T 网络光缆故障实训装置机架上光纤跳线架光纤耦合器第 1 端口内。端口序号为图 8-81 所示。

（4）光纤测试仪 Cable 900 触摸液晶屏上选择 OTDR/LS 测试，观察结果，并记录。对照表 8-3，分析对应故障类型与原因。

（5）重复以上步骤，完成 Cable 600-T 网络光缆故障实训装置工作区 2-6 端口的测试记录。

（6）制作一根标准合适长度的单模光纤跳线（SC-FC），一头插入光纤测试仪 Cable 900 OTDR/LS 端口，SC 头插入 Cable 600-T 网络光缆故障实训装置机架上光纤跳线架光纤耦合器第 7 端口内。

（7）光纤测试仪 Cable 900 触摸液晶屏上选择 OTDR/LS 测试，观察结果，并记录。对照表 8-3，分析对应故障类型与原因。

可使用 Fluke dsx2 5000/8000 等线缆测试仪配套本实训装置，进行更多准确光缆指标测试。

表 8-3　清华易训 Cable 600-T 网络光缆故障实训装置故障设置类型说明表

序号	结果	故障类型	故 障 说 明	光缆类型
链路 1 口	通过	正常	无	室内单模
链路 2 口	失败	光纤受损	耦合器损坏或光纤断裂	
链路 3 口	失败	端面不良	耦合器陶瓷体污损或尾纤端面不良	
链路 4 口	失败	开路	光纤链路 1 开路	
链路 5 口	失败	交叉	光纤链路 1、2 反接	
链路 6 口	失败	弯曲过大	光纤盘纤弧度过小或光纤受损	
链路 7 口	通过	正常	无	室内多模
链路 8 口	失败	光纤受损	耦合器损坏或光纤断裂	
链路 9 口	失败	端面不良	耦合器陶瓷体污损或尾纤端面不良	
链路 10 口	失败	开路	光纤链路 1 开路	
链路 11 口	失败	交叉	光纤链路 1、2 反接	
链路 12 口	失败	弯曲过大	光纤盘纤弧度过小或光纤受损	

【相关知识】

光功率计是测量绝对光功率相对损耗的仪器，可以测试单模、多模光纤，而 OTDR 光时域反射测试仪器，有些只能测试单模光纤，如果能同时测试单模、多模光纤，产品造价可能会高很多。

可见光的波长，红光为 650nm。一般来讲，工作波长为 1310nm 和 1550nm 的光模块一般适用于中远距离传输，连接单模光纤；而工作波长为 850nm 的光模块多用于短距离传输，连接多模光纤，价格相比单模光纤便宜很多。多模光纤在工作波长为 850nm 的区间光纤损耗比较低，衰减值为 2.4dB/km，100m 的损耗只有 0.24dB，1310nm 和 1550nm 虽然也可以用在多模光纤上，但是也只是进行短距离传输，多模光纤不适合远距离信号传输使用。

1310nm 和 1550nm 的光模块不仅是工作波长的区别,最大的区别在于模块成本,1310nm 和 1550nm 的光模块搭配的光源发射器和信号转换器的价格远高于 850nm 的器件价格,所以多模光纤大多用工作波长为 850nm 的光模块进行连接传输。

实训十五　综合布线系统电工压接

【典型工作任务导引】

在综合布线系统设计、施工过程中,离不开电工接线、电气防雷等工作,熟悉掌握这些内容,是保障综合布线系统安全施工的重要前提。

【实训技能要求】

熟悉综合布线工程常用电缆类型、电线接线端子类型与端接压接方法,电子端接等。

【实训任务】

完成 A、B、C 三组共 24 组电缆端子压接。

【实训设备、材料和工具】

清华易训电工配线端接实训装置 Cable 100-POE、BV 单芯电线、BVR 多芯电线 40cm 若干、电工冷压端子若干,清华易训电工工具箱 Tool KIT-E(包括电工剥线钳、电工压线钳、十字螺丝刀等工具)、微型计算机或笔记本电脑一台。

【实训步骤】

(1) 根据实训要求,用电工剥线钳剥去电线两端护套,制作 24 组端子。

(2) BV 线两端直接套上冷压端子,BVR 线将剥好的线缆裸露线信部分拧紧为一束,两端再套上冷压端子。

(3) 用电工压线钳将冷压端子与电线压接牢固。

(4) 将两端端接好的电线两端分别端接到实训装置面板相应的端子中,紧固端子。

(5) 打开实训装置电源,观察 LED 灯显示情况,测试线路,如图 8-85 所示。

图 8-85　清华易训电工压接实训装置

【综合布线系统常用电线类型介绍】

BV:单铜芯聚氯乙烯普通绝缘电线,无护套线,适用于交流电压 450/750V 及以下动力装置、日用电器、仪表及电信设备用的电线电缆。

BVR:聚氯乙烯绝缘,铜芯(软)布电线,简称软线,比较柔软,常用于电力拖动中和电机的链接以及电线常有轻微移动的场合。

RVV：铜芯绝缘聚氯乙烯护套圆形链接软电缆。适用于楼宇对讲、防盗报警、消防、自动抄表等工程。

RVVP：软铜芯胶合圆形绝缘聚氯乙烯护套软线，适用于楼宇对讲、防盗报警、消防、自动抄表等工程。

RVS：铜芯聚氯乙烯形连接电线，常用于家用电器、仪器仪表、控制系统、消防、照明等及控制用线。

实训十六　楼宇智能安防

【典型工作任务导引】

综合布线系统应智能建筑的发展需求而产出。现代智能办公大楼、家居小区等都离不开完善的智能安防系统，熟悉掌握楼宇智能安防系统相关知识，是设计、管理智能楼宇布线系统的重要内容。

【实训技能要求】

（1）具备楼宇智能化系统设计与安装、编程与调试、运行与维护等工程能力。

（2）掌握楼宇可视门禁对讲、视频监控调试能力。

（3）掌握防盗门与电控锁和磁力锁、可视对讲系统接线与联合调试能力。

（4）掌握可视对讲主机、室内机、管理中心设备调试、网络摄像机（全球、半球、枪式）组合调试能力。

（5）掌握音频和视频接头的制作测试、无线路由器配置等相关设备配置、软件设置和使用。

【实训任务】

（1）完成智能楼宇可视门禁实训装置设备安装与软件调试。

（2）完成视频监控实训装置设备安装与软件调试。

【实训设备、材料和工具】

清华易训智能楼宇可视门禁实训装置 Cable 100-VI、清华易训视频监控实训装置 Cable 100-AV、清华易训电工工具箱 Tool KIT-E、微型计算机或笔记本电脑一台。

【实训步骤】

（1）将管理中心机、可视对讲主机、解码器、室内机，用双绞线跳线连接到交换机对应端口。

（2）制作电源线，连接解码器（24V）、室内主机（12V）、灵性锁（12V）、出门开关到管理中心机对应电源端口，完成软件安装，设备调试。

（3）配置单元门口主机，并发卡。

（4）配置灵性锁及出门开关。

（5）配置管理中心机，并连通测试各个组件功能，完成三层楼住户可视门禁刷卡、开门、视频监控功能，如图 8-86 所示。

（6）依次完成全方位旋转球罩和彩色一体化摄像机，半球和红外彩色摄像机与支架、彩色摄像机和枪式护罩与支架的安装。

（7）完成视频监控录像机安装和软件设置系统调试，通过视频监控实训装置上所有摄像机的连接，监控并保存当前环境画面和数据，如图 8-87 所示。

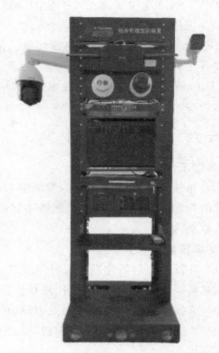

图 8-86   清华易训智楼宇可视门禁实训装置   图 8-87   清华易训视频监控实训装置

实训十七   以太网供电技术

【典型工作任务导引】

以太网供电(Power over Ethernet,POE)也称 POE 供电、有源以太网供电,是可以在以太网中通过双绞线传输电力与数据到设备上的技术。由于其节约空间、节省投资,网络化管理等明显优势,得以广泛应用。了解 POE 供电技术原理,熟悉 POE 常用设备配置,是拓展综合布线系统应用的重要内容。

【实训技能要求】

(1)掌握 POE 技术相关设备的安装与调试。

(2)掌握 POE 技术原理。

(3)掌握面板式无线 AP 的安装与调试。

(4)掌握 POE 设备安装与软件调试技术交换机、温湿度传感器等软件设置。

(5)掌握 POE 网络摄像机的本地和远程操作控制。

【实训任务】

完成 POE 通信应用终端、POE 通信应用管理的设备安装配置与软件设置。

【实训设备、材料和工具】

清华易训以太网供电技术实训装置 Cable-POE,清华易训电工工具箱 Tool KIT-E、微型计算机或笔记本电脑一台。

【实训步骤】

(1)POE 通信应用终端模组连接配置:将管理模组工控主机、网络型温湿度传感器,网络

型红外摄像机(支持插卡存储),通过工业级 RJ 45 网络接口连接到无线双频 AP,如图 8-88
所示。

图 8-88　清华易训以太网供电技术实训装置

(2)设置网络型温湿度传感器,监测当前环境的温湿度数据,设置本地报警和远程报警
功能,如图 8-89 所示。

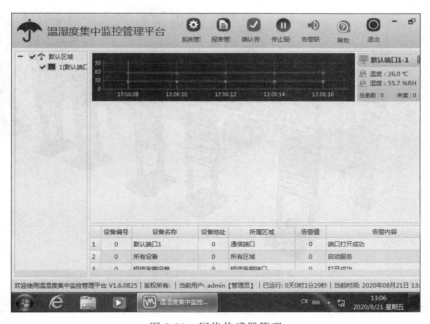

图 8-89　网络传感器管理

(3)设置网络型红外摄像机,检测当前视频画面,设置布防、报警及识别当前场景功能。

(4)打开管理模组工控主机主界面,检测 POE 传感器的实时通信数据、红外摄像机的
画面、设备参数设置并保存导出实训结果到 SD 卡。

(5)尝试接入非 POE 供电终端,实现联网功能。

第 9 章

综合布线子系统实训

  一般来讲,从功能上划分,传统的综合布线由 6 个子系统组成,包括工作区子系统、水平子系统、管理子系统、垂直干线子系统、设备间子系统以及建筑群子系统。最新国家标准《综合布线系统工程设计规范》GB 50311—2016 规定,在综合布线系统工程设计中,宜按照 7 个部分来进行,即工作区子系统、配线子系统、干线子系统、建筑群子系统、设备间子系统、进线间子系统、管理间子系统。

  清华易训 E-Training PDS 实训系统遵循最新国家标准 GB 50311—2016,并涵盖传统六大子系统。可以方便地教学,让学生真实、生动了解综合布线系统的构成。清华易训 E-Training PDS 实训系统全景如图 9-1 所示。

图 9-1　清华易训 E-Training PDS 实训系统全景

  清华易训 E-Training PDS WALL 型实训墙体为全钢内嵌螺纹孔的实训墙,每一面墙体为 4 块高强度的钢板组成,每块钢板上内嵌有间距为 100mm×100mm 或 60mm×60mm 的螺纹孔,每个安装螺孔可以进行数万次以上的安装和拆卸。这样的墙体设计,可以充分适应综合布线的工程特点,自由灵活,可以让学生安全、稳定地进行综合布线各个子系统的工程布线实训。学生可以方便地模拟综合布线工程工作区、设备间、水平、垂直及管理等子系统的实训训练。清华易训系统模块化的结构便于组装与移动,能按学校教室实际尺寸合理布局,灵活布置保证投资效益。

当前，相关网络信息布线赛项的各级技能大赛正在国内外如火如荼地举办，技能大赛是检验各级学校教学水平和学生实训水平的重要方式。清华易训智能信息网络布线竞赛实训装置 Wall-1000T 是按高水平创新型教学模式全新设计的新一代实训产品。它根据建筑工程综合布线及数据中心特点，与最新国际标准 IDC 数据中心安装规范接轨，同时满足信息网络布线技能大赛平台标准要求。Wall-1000T 包括室内墙体组件、墙面暗槽组件、天花顶板组件、弱电竖井组件、室外管道组件和室外地井组件等组件，可模拟综合布线七大子系统工程环境及物理链路仿真结构，方便学生迅速在本装置上开展室内弱电系统各类线缆的墙面明装、暗装布线、弱电信息箱安装、铜缆和光纤线缆桥架的壁吊装施工、楼层弱电管井内部线缆路由布施、管理间与设备间安装实训，室外地下信息管线铺设、室外信息井施工、建筑群中心管理机房施工训练等内容；还可进行智能楼宇安防设备布线安装实训，重点涵盖结构化布线系统技能竞赛操作、光纤布线系统技能竞赛操作、速度竞赛技能竞赛操作几个方面。

实训一　综合布线系统结构与认识

【典型工作任务导引】

综合布线系统工程作为一门系统科学，有其独自的科学体系，各个子系统都相应承担着重要的功能，同时又都紧密联系在一起。清晰理解各个子系统的功能和相互间的关系，在综合布线系统工程的设计、施工、实训教学中具有重要意义。

【实训技能要求】

（1）理解掌握综合布线系统各个子系统的概念、功能和划分原则。

（2）了解掌握水平子系统、垂直子系统，设备间子系统与建筑群子系统的连接线缆选择类型和原则。

【实训设备、材料和工具】

清华易训网络综合布线工程教学模型 PDS Model、清华易训教学挂图 Tech-support、清华易训全钢结构综合布线实训装置 Wall-1000。

【实训步骤】

（1）认真学习综合布线系统结构示意图，如图 9-2 所示，理解各个子系统的概念、结构和功能。

图 9-2　综合布线系统结构示意图

（2）结合网络综合布线工程教学模型如图 9-3 所示，全钢结构综合布线实训装置 Wall-1000 如图 9-4 所示，以及清华易训智能信息网络布线竞赛实训装置如图 9-5 所示，对比理解学习各个子系统的对应关系。

图 9-3　清华易训综合布线工程教学模型

图 9-4　清华易训全钢结构综合布线实训装置 Wall-1000

图 9-5　清华易训智能信息网络布线竞赛实训装置

（3）有条件的情况下，深入在建的建筑物大楼，实地勘察、学习各个子系统的现场设施、施工情况，与图 9-6 所示实训装置实景对照分析。

【相关知识】

综合布线子系统包括工作区子系统、水平子系统、垂直子系统、管理间子系统、设备间子系统、建筑物子系统、进线间等七大子系统。水平子系统一般采用双绞线线缆传输方式，垂直子系统一般采用双绞线或者光纤传输方式，设备间子系统与建筑群子系统的连接采用光纤传输方式，常见线缆种类如图 9-7 所示。

图 9-6 清华易训全钢结构综合布线实训装置 Wall-1000

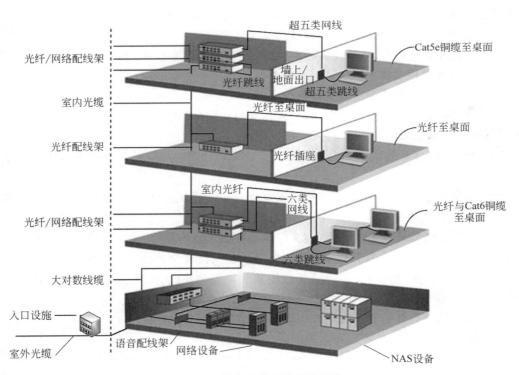

图 9-7 综合布线系统传输线缆

实训二 工作区子系统

【典型工作任务导引】

工作区子系统由连接线缆、网络跳线和适配器组成，提供从水平子系统端接设施到设备的信号连接。可将电话、计算机和传感器等设备连接到线缆插座上，插座通常由标准网络和电话信息模块等组成，工作区子系统信息模块端接和跳线制作质量的高低,往往直接影响整个网络的传输效率。

【实训技能要求】

(1) RJ 45 水晶头的压制,跳线制作、信息插座安装。

(2) 暗装或明装在墙体或柱子上的信息插座盒底距地高度宜为 300mm。

【实训任务】

按照分组,一组 3～4 人,完成网络信息模块或电话模块端接,完成实训装置墙体上一个楼层区域的网络插座安装。

【实训设备、材料和工具】

清华易训全钢结构综合布线实训装置 Wall-1000、86 型明装底盒和螺钉、单口面板、双口面板和螺钉、RJ 45 网络模块与 RJ11 电话模块、Cat5e 非屏蔽网络双绞线、电动起子(或十字螺丝刀)、多功能网络压线钳、剥线钳。

【实训步骤】

(1) 观察、测量清华易训 E-Training PDS 网络实训墙的结构、螺纹安装尺寸,根据工作区布线子系统的设计路由,确认在实训墙体上的信息插座的安装数量和安装位置。

(2) 用电动起子,将底盒用螺丝安装固定在墙面。

(3) 底盒安装完成后,按照设计路由,将缆线布放到网络机柜内,并且预留 1000mm 长度。底盒内缆线预留长度 100mm,端接后预留长度 30～60mm。

(4) 将网络模块端接在双口或者单口面板上。

(5) 使用信息插座面板自带螺丝,将面板安装在信息插座上。

【相关知识和要求】

国家标准《综合布线系统工程验收规范》(GB/T 50312—2016)关于信息插座有如下规定要求。

(1) 信息插座底盒、多用户信息插座及集合点配线箱、用户单元信息配线箱安装位置和高度应符合设计文件要求。

(2) 安装在活动地板内或地面上时,应固定在接线盒内,插座面板采用直立和水平等形式;接线盒盖可开启,并应具有防水、防尘、抗压功能。接线盒盖面应与地面齐平。

(3) 信息插座底盒同时安装信息插座模块和电源插座时,间距及采取的防护措施应符合设计文件要求。

(4) 信息插座底盒明装的固定方法应根据施工现场条件而定。

(5) 固定螺丝应拧紧,不应产生松动现象。

(6) 各种插座面板应有标识,以颜色、图形、文字表示所接终端设备业务类型。

(7) 工作区内终接光缆的光纤连接器件及适配器安装底盒应具有空间,并应符合设计文件要求。

(8) 配线模块、信息插座模块及其他连接器件的部件应完整,暗装或明装在墙体或柱子上的信息插座盒底距地高度宜为 300mm。

本实训装置以清华易训全钢结构综合布线实训装置 Wall-1000 为例,该装置预设各种网络器材安装螺孔和穿墙布线孔,无尘操作,突出综合布线工程技术原理实训;能够模拟进行综合布线工程各个子系统的关键技术实训、多种布线路由设计和实训操作、各种线槽或桥架的多种方式安装布线实训、各种线管的明装或暗装方式的安装布线实训,符合各级技能大赛赛项标准要求。

　　清华易训 E-Training PDS 网络综合布线系统模拟实训工作区子系统实训示意图和工作区子系统实训分别如图 9-8 和图 9-9 所示。

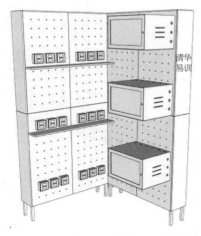

图 9-8　工作区子系统实训示意图

图 9-9　工作区子系统实训

实训三　水平子系统

【典型工作任务导引】

　　水平子系统的管路敷设、缆线选择是综合布线系统中重要的组成部分,缆线敷设质量高低直接决定整个布线系统的畅通与维护难易程度。水平子系统提供楼层配线间至用户工作区的通信干线和端接设施。水平主干线通常使用屏蔽双绞线和非屏蔽双绞线,也可以根据需要选择光缆。水平子系统需要确定缆线线路走向,确定线缆、管槽、线管的数量和类型,确定电缆的类型和长度。水平子系统端接设施主要是相应通信设备和线路端接插座。对于利用双绞线构成的水平主干子系统,通常最远延伸距离不能超过 90 米。

【实训技能要求】

　　(1) 熟练掌握水平子系统布线路径和距离的设计。

　　(2) 熟练掌握水平子系统的施工方法,包括线管、线槽的安装,穿线、弯头、三通等的安装方法等。

　　(3) 熟练掌握弯管器使用方法和计算布线曲率半径。

　　(4) 安全、规范施工操作。

【实训任务】

　　按照分组,一组 3～4 人,根据设计要求,完成实训装置墙体上一个楼层区域的线管、线槽、缆线敷设安装。

【实训设备、材料和工具】

　　清华易训全钢结构综合布线实训装置 Wall-1000,Cat5e 非屏蔽双绞线线缆、ϕ20PVC 线槽、三通、各种塑料线扎(管卡)若干,M6 螺丝若干,清华易训综合布线工具箱 Tool kit(包括 PVC 管子割刀、弯管器、钢锯、线槽剪、钢卷尺、标签等),电动起子(或螺丝刀)、登高梯子等。

【实训步骤】

(1) 设计一种从墙面信息插座(信息点)到壁挂式机柜(楼层机柜 BD)的水平子系统 PVC 管敷设路由方案,绘制施工图。设计工作完成后,按照要求,准备 φ20PVC 线槽、三通、各种塑料线扎,M6 螺丝等实训材料的准确数量和长度,参考图 9-10 所示。

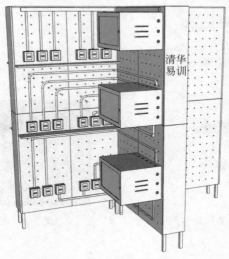

图 9-10　水平子系统实训示意图

(2) 准备好实训材料和工具后,在墙体上相应位置安装管卡,按照明槽暗管的布线方式,明装布线实训时,边布管边穿线,暗装布线时,先把全部管和接头安装到位,并且固定好,然后从一端向另外一端穿线,参考图 9-11。

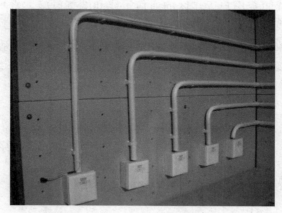

图 9-11　水平子系统实训

(3) 完成布管和穿线后,做好对应线缆标号。

【相关知识】

水平干线子系统的线缆是从楼层配线架连接到各个楼层各工作区的信息插座上。在设计时候,必须根据建筑物的结构特点、楼层房间平面布置和通信引出端的分布情况,从线缆长度最短、工程造价最低、安装施工最方便和符合布线施工标准等多方面考虑。

一般情况下,智能建筑的水平子系统安装完成后,都处于隐蔽位置,一般人员不容易接近。所以更换和维护水平线缆的费用很高、对施工技术人员的要求也较高。老式建筑或者不易隐蔽施工的建筑,增加和改造网络布线系统时,一般采取明装布线,施工相对简单灵活。

实训四　垂直干线子系统

【典型工作任务导引】

垂直干线子系统是建筑物中最重要的通信干道,垂直子系统的任务是通过建筑物内部垂直方向的传输电缆,把各个管理区的信号传送到设备间,再经公共出口传送到外网。

垂直子系统提供建筑物内信息传输的主要路由,是综合布线系统的主动脉。通信介质通常为大对数线缆或者多芯光缆,一般安装在建筑物的弱电竖井内。垂直干线子系统提供多条连接路径,将位于主控中心的设备和位于各个楼层的配线间的设备连接起来。两端分别端接在设备间和楼层配线间的配线架上。垂直干线子系统的线缆的最大延伸距离与所采用的线缆有关。

垂直干线子系统由水平子系统、设备间子系统、管理间子系统的引入设备之间的相互连接的电缆组成。垂直干线子系统电缆施工敷设涉及线缆类型选择、布线距离、接合方式、路由等内容。

【实训技能要求】

(1) 熟练掌握垂直子系统布线路径和距离的设计。

(2) 熟练掌握垂直子系统的施工方法,包括线管、线槽的安装,穿线、支架、桥架等安装方法。

(3) 熟练掌握弯管器使用方法和计算布线曲率半径。

(4) 安全、规范施工操作。

【实训任务】

按照分组,一组 3～4 人,根据设计要求,完成实训装置墙体上两个或三个楼层区域壁挂机柜之间的线管、线槽、缆线敷设安装,完成实训装置墙体顶部铝合金桥架的铜缆,或光缆敷设安装。

【实训设备、材料和工具】

双绞线线缆、室内光缆、宽度 60mm 的 PVC 线槽、三通、各种塑料线扎(管卡)若干,M6 螺丝若干,清华易训综合布线工具箱 Tool kit(包括 PVC 管子割刀、弯管器、钢锯、线槽剪、钢卷尺、标签等),电动起子(或螺丝刀),梯子。

【实训步骤】

(1) 设计一种楼层间布线路由,确定缆线类型,绘制施工图,参考图 9-12。

(2) 测量,确定从壁挂机柜(管理间机柜 FD)到设备间机柜(立式机柜 BD)线缆走向、数量、长度尺寸。

(3) 准备实训材料和工具,测量、计算工作完成后,按照设计要求,准备相应线缆、各种塑料线扎的准确数量和长度。

(4) 准备扶梯,按照安全操作规范要求,进行布线工作,参考图 9-13。

(5) 按照设计要求接线方式,将线缆一端连接在管理间配线架或交换机端口上,另外一端连接在设备间子系统的主机柜的配线架端口上。

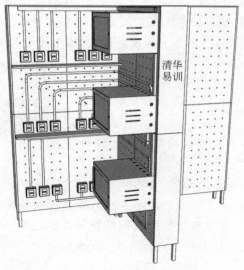

图 9-12　垂直子系统实训示意图　　　　　　　图 9-13　垂直子系统实训

实训五　管理间子系统

【典型工作任务导引】

综合布线系统中,管理间子系统是垂直子系统和水平子系统的连接管理系统,由通信线路相互连接设施和设备组成,通常设置在专门为楼层服务的设备配线间内,包括双绞线配线架、跳线。在需要有光纤的布线系统中,还应有光纤配线架和光纤跳线。当终端设备位置或者局域网的结构变化时,只要改变跳线方式即可解决,而不需要重新布线。做好设备和缆线的交接、标记和连接件管理工作,是管理子系统的重要内容。

清华易训全钢结构综合布线实训装置 Wall-1000 墙体上可安装壁挂机柜模拟综合布线系统的楼层管理间机柜。

【实训技能要求】

(1) 了解常用壁挂机柜的规格,熟悉壁挂机柜的布置原则和安装方法及使用要求。

(2) 熟悉壁挂机柜内跳线架等网络设备安装方式。

(3) 熟悉线缆在壁挂机柜的端接方式、方法和要求。

【实训任务】

按照分组,一组 3~4 人,根据设计要求,完成实训装置墙体上两个或三个楼层区域壁挂机柜的安装,完成壁挂机柜内网络跳线架、110 通信跳线架、交换机等设备的安装和线缆端接、敷设。

【实训设备、材料和工具】

双绞线线缆、宽度 60mm 的 PVC 线槽、三通、各种塑料线扎(管卡)若干,M6 螺丝若干,清华易训综合布线工具箱 Tool kit(包括 PVC 管子割刀、弯管器、钢锯、线槽剪、钢卷尺、标签等),电动起子(或螺丝刀),梯子,网络跳线架,110 通信跳线架,交换机等。

【实训步骤】

（1）测量。确定从水平子系统到管理间子系统的悬挂机柜线缆走向、数量、长度尺寸，参考图 9-14。

（2）实训材料准备。按照要求，准备相应线缆、准确数量和长度的各种塑料线扎。

（3）按照设计的线缆走向，敷设线缆到机柜，参考图 9-15。

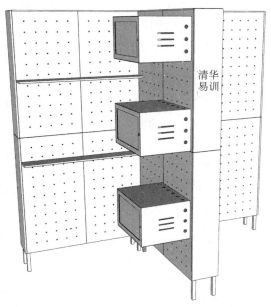

图 9-14 管理间子系统实训示意图

图 9-15 管理间子系统实训

（4）用压线钳将线缆连接在机柜内部的 RJ 45 网络配线架的相应端口上，并制作对应的布线标识标签。

【实训任务拓展】

（1）机柜安装的时候，如何更方便地安装设备？

（2）配线设备与通信设备之间的交接管理包括哪些内容？

（3）线缆标设管理应注意哪些内容？

（4）连接件如何进行管理？

实训六 设备间子系统

【典型工作任务导引】

设备间子系统是综合布线系统的管理中枢，整个建筑物的各个信号都经过各类通信电缆汇集到该系统。设备间同时也是集中安装大型通信设备、主配线架和进出线设备并进行综合布线系统管理维护的场所，通常位于大楼的中间部位。

具备一定规模的结构化布线系统通常设立集中安置设备的主控中心，即通常所说的网络中心机房或者信息中心机房。计算机局域网主干通信设备、各种公共网络服务器和电话程控交换机设备等公共设备都安装在主控中心。为方便设备搬运和各系统的接入，设备间的位置通常选定在每一座大楼的第 1、2 层或者第 3 层。

设备间子系统由电缆、连接器和相关支撑硬件组成。设备间的主要设备包括数字程控交换机、大型计算机、服务器、网络设备和不间断电源等。

清华易训全钢结构综合布线实训装置 Wall-1000 墙体边缘位置设置立式机柜模拟综合布线系统的设备间子系统机柜。

【实训技能要求】

(1) 了解常用立式机柜的规格,熟悉立式机柜的布置原则和安装方法及使用要求。

(2) 熟悉 42U(或 38U)机柜内路由器、交换机、跳线架等网络设备安装方式。

(3) 熟悉线缆在 42U(或 38U)机柜的光纤引入、熔接、铜缆端接方式、线缆敷设收纳方式和要求。

【实训任务】

按照分组,一组 3~4 人,根据设计要求,完成 42U(或 38U)机柜的安装,完成 42U(或 38U)机柜内路由器、交换机、网络跳线架、110 通信跳线架、交换机等设备的安装和线缆端接、敷设。

【实训设备、材料和工具】

双绞线线缆、理线环(理线架)、清华易训综合布线工具箱 Tool kit(包括 PVC 管子割刀、弯管器、钢锯、线槽剪、钢卷尺、标签等)、清华易训光纤实训工具箱 Fiber Tool KIT、电动起子(或螺丝刀)、梯子、网络跳线架、110 通信跳线架、交换机等。

【实训步骤】

(1) 按照设计要求,计算出机柜内安装的设备数量和种类;画出立式机柜安装位置布局示意图和网络设备布置图,参考图 9-16。

(2) 测量尺寸后,拆卸掉立式机柜门,按照图纸安装设备。

安装机柜内的网络设备时,可将机柜平稳置于水平位置,先将机柜门拆卸掉,然后柜体底部的定位螺栓向下旋转,将四个轱辘悬空,保证柜体稳固不动。根据安装设计要求,安装网络设备,敷设线缆,收纳整理后,复原安装柜门,参考图 9-17。

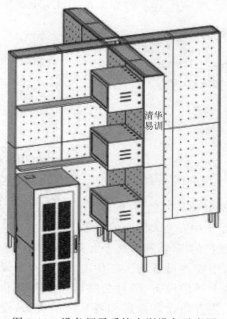

图 9-16 设备间子系统实训设备示意图

图 9-17 设备间子系统实训

【相关知识】

设备间是综合布线系统的关键部分,外界引入(包括公用通信网或建筑群子系统群体主干线)和楼内布线的交汇点,设备间的位置确定很重要,设备间的设计与位置选择应考虑以下几个因素。

(1) 应尽量位于干线综合体的中间位置,以使干线线路路由最短。

(2) 应尽可能靠近建筑物电缆引入区和网络接口。

(3) 应尽量靠近电梯,以便搬运大型设备。

(4) 应尽量远离高强振动源、强噪声源、强电磁场干扰源和易燃易爆源。

(5) 设备间应该能为将来可能安装的设备提供足够的空间,还要考虑接地、防静电、消防等方面的安全方案。

(6) 设备间的位置应该选择在环境安全、通风干燥、清洁明亮和便于维护管理的地方。设备间的附近或上方不应有渗漏水源,设备间不应存放易腐蚀、易燃、易爆物品。

(7) 设备间的位置应便于安装接地装置,根据房屋建筑的具体条件和通信网络的技术要求,按照接地标准选用切实有效的接地方式。

(8) 楼群(或大楼)主交换间(MC)宜选在楼群中最主要的一座大楼内,且最好离公用电信网接口最近,若条件允许,最好将主交换间与大楼设备合二为一。

实训七　建筑群子系统

【典型工作任务导引】

建筑群子系统由两座及两座以上建筑物组成,这些建筑物彼此之间要进行信息交换。综合布线的建筑群干线子系统的作用,是构建从一座建筑延伸到建筑群内的其他建筑物的标准通信连接。系统组成包括连接各建筑物之间的电缆,建筑群综合布线所需的各种硬件,如电缆、光缆和通信设备、连接部件以及电气保护设备等。

【实训技能要求】

(1) 掌握建筑物之间光缆敷设方式和光缆敷设操作方法。

(2) 掌握室外光缆到设备间机柜的端接方法,光纤熔接技巧。

【实训任务】

完成两个机柜的光缆敷设与端接。

【实训设备、材料和工具】

钢缆、光缆、U 型卡、支架、挂钩若干、光纤熔接机、清华易训综合布线工具箱 Tool kit (包括 PVC 管子割刀、弯管器、钢锯、线槽剪、钢卷尺、标签等)、清华易训光纤实训工具箱 Fiber Tool KIT、梯子。

【实训步骤】

(1) 设计一种或两种光缆布线施工图,可参考图 9-18 和图 9-19。

(2) 测量,确定从设备间子系统到建筑群子系统的主机柜光缆走向、数量、长度尺寸。

(3) 实训材料准备。按照要求,准备准确数量和长度的光缆。需要熔接的,进行熔接实训。

(4) 按照设计的线缆走向,通过直埋或者架空等方式敷设光纤线缆到机柜。

(5) 将光纤跳线连接在设备间主机柜内部的光纤配线架的相应端口上,并制作对应的

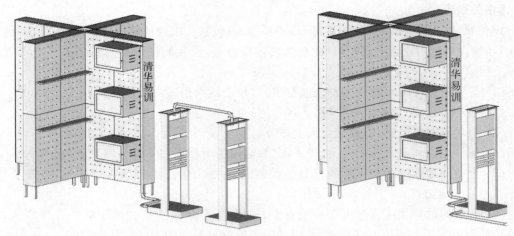

图 9-18　建筑群子系统实训示意图一

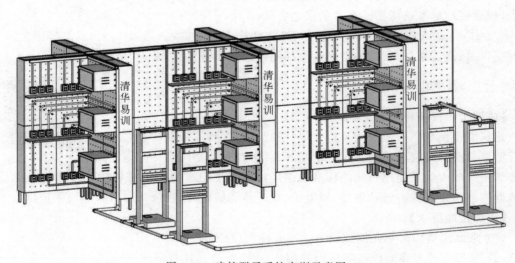

图 9-19　建筑群子系统实训示意图二

布线标识标签。

【相关知识】

建筑群子系统的布线主要用来连接两栋建筑物网络中心网络设备,建筑群子系统的布线方式有:架空布线法、直埋布线法、地下管道布线法、隧道内电缆布线。本节主要做光缆架空与管道布线方式的实训。

实训八　综合布线材料、工具及设备展示

【典型工作任务导引】

熟悉认识综合布线系统施工常用材料,熟悉掌握综合布线施工工具和设备的使用方法、技巧,是综合布线系统从业人员最基本的一项技能,也是一名合格施工人员的最基本要求。

【实训技能要求】

熟悉认识掌握综合布线系统常用铜缆、光缆材料、施工材料、施工工具的操作方法和技巧。

【实训任务】

认识并熟悉四个展柜内的所有材料的名称、使用场合、使用方法和技巧。

【实训设备、材料和工具】

清华易训 Show-C/T/F/S 四套展示柜。

【实训步骤】

(1) 认识、熟悉、掌握 Cable 铜缆材料柜的所有展示内容。

(2) 认识、熟悉、掌 Fiber 光缆展示柜的所有展示内容。

(3) 认识、熟悉、掌握 Stuff 配件展示柜的所有展示内容。

(4) 认识、熟悉、掌握 Tools 工具展示柜的所有展示内容。

【相关知识】

清华易训布线材料展示系统分为四种型号展示柜,展示内容包括现行国际通用布线材料及各种常规施工工具,简易测试设备等。具体内容可根据用户需求进行调整,如图 9-20 所示。

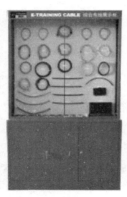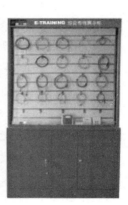

图 9-20　清华易训 E-TRAINING PDS综合布线展示柜

所有展示柜柜体均采用优质全钢材料,亚光喷塑。外形尺寸为 1200mm×400mm×2000mm(长×宽×高),上半部分为材料展示部分,内设两组照射方向可调型三基色冷光射灯,柜内展板采用特别设计的悬挂结构,自由调整展示材料位置。下半部分为对开门储藏柜,可放置各种布线工具及消耗材料,门体均带锁具。扩充配置 MP3 语音交互系统,宣讲录制讲解内容。

实训九　综合布线工程测试

【典型工作任务导引】

(1) 掌握 5E 类和 6 类布线系统的测试标准。

(2) 掌握简单网络链路测试仪的使用方法。

(3) 掌握分条列出用 Fluke DTX-LT 等仪器进行认证测试的方法。

(4) 掌握用 Fluke DTX-LT 等仪器进行光纤测试的方法。

【实训技能要求】

（1）熟悉测试电缆系统，包括插座、插头、用户电缆、跳线和配线架等。

（2）熟悉 UTP 链路标准，包括定义测试参数和测试限值，以及定义永久链路和信道的性能指标。

（3）熟悉现场测试仪和网络分析仪比较的方法。

【实训内容】

1. 现场测试的参数内容

（1）Wire Map 接线图（开路/短路/错对/串绕）。

（2）Length 长度。

（3）Attenuation 衰减。

（4）NEXT 近端串扰。

（5）Return Loss 回波损耗。

（6）ACR 衰减串扰比。

（7）Propagation Delay 传输时延。

（8）Delay Skew 时延差。

（9）PSNEXT 综合近端串扰。

（10）EL FEXT 等效远端串扰。

（11）PS ELFEXT 综合等效远端串扰。

2. 链路测试内容

（1）对实训室中敷设的一条双绞线链路进行测试。

（2）对实训室中敷设的一条光缆链路进行测试。

【实训步骤】

施工时用简单线缆测试仪进行测试，施工完成后用 Fluke DTX-LT 等仪器进行认证测试，测试步骤如下。

1）初始化

（1）充电：将 Fluke DTX 系列产品主机、辅机分别用变压器充电，直至电池显示灯转为绿色；

（2）自校准：将 Fluke DTX 系列产品 Cat6/ClassE 永久链路适配器装在主机上，辅机装上 Cat6/ClassE 通道适配器；然后将永久链路适配器末端插在 Cat6/ClassE 通道适配器上，打开辅机、主机电源，选择 SPECIAL FUNCTIONS 档位，进行自校准。

2）参数设置

将 Fluke DTX 系列产品主机旋钮转至 SETUP 档位，使用"↑↓"进行参数设置。

新机第一次使用需要设置的参数包括：线缆标识码来源、图形数据存储、当前文件夹、结果存放位置、操作员姓名、测试地点、公司名称、语言设置、操作日期、操作时间、长度单位。其他可以采用默认参数设置。测试类型、测试极限值、插座配置、测试地点等参数，可以在测试过程中设置。

3）测试

（1）根据需求确定测试标准和电缆类型，选择通道测试或永久链路测试，Cat5e

或 Cat6。

（2）关机后将测试标准对应的适配器安装在主机、辅机上，如选择"TIA Cat5e Channel"通道测试标准，主辅机安装"DTX-CHA001"通道适配器；如选择"TIA Cat5e PERM.LINK"永久链路测试标准，主辅机各安装一个"DTX-PLA001"永久链路适配器，末端加装 PM06 个性化模块。（对于 Fluke DSX2 5000，如选择 TIA Cat6 Channel 通道测试标准，主机安装"DSX-CHA004"通道适配器；如选择"TIA Cat6 PERM.LINK"永久链路测试标准，主辅机各安装一个"DSX-PLA004S"永久链路适配器。对于 Fluke DSX2 8000，如选择 TIA Cat6 Channel 通道测试标准，主机安装"DSX-CHA804"通道适配器；如选择 TIA Cat6 PERM.LINK 永久链路测试标准，主辅机各安装一个"DSX-PLA804"永久链路适配器。）

（3）再开机后，将旋钮转至 AUTOTEST 档或 SINGLETEST。AUTOTEST 是将所选测试标准的参数全部测试一遍后显示结果；SINGLE TEST 是针对测试标准中的某个参数测试。

（4）将所需测试的产品连接上对应的适配器，按"TEST"开始测试，测试完成，显示测试结果为 PASS 或 FAIL。

4）查看结果及故障检查

测试后，返回自动查看结果及故障检查。

5）保存测试结果

选择"SAVE"按键存储测试结果。

6）数据处理

在计算机上安装 Linkware 软件，将主机内存测试数据上传到计算机中，进行打印或者另存电子文档等处理。

【实训相关知识】

Fluke 测试仪通道测试与永久链路测试连接示意图分别如图 9-21 和图 9-22 所示。面板、按键与测试界面分别如图 9-23～图 9-25 所示。

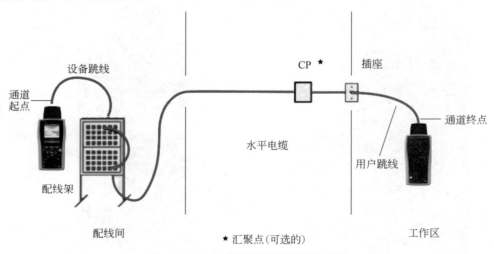

图 9-21　Fluke 测试仪通道测试连接图

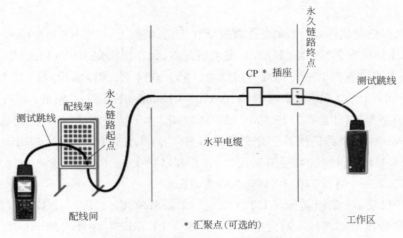

图 9-22　Fluke 永久链路连接图

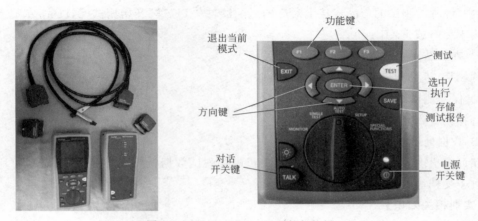

图 9-23　Fluke DTX-LT 组件与按键

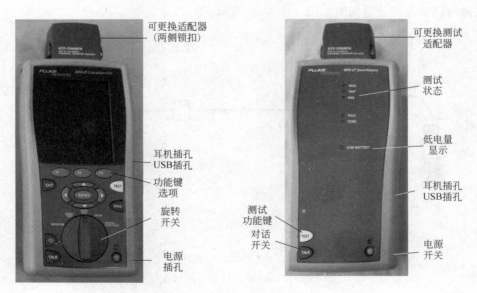

图 9-24　Fluke DTX-LT 主端与辅机面板

图 9-25　Fluke DTX-LT 测试界面

第 10 章

综合布线光纤系统实训

实训一　室外光缆和皮线光缆开缆

【典型工作任务导引】

在室外光缆敷过程中,经常会遇到光缆开缆、接续的需求。在各级信息网络布线技能大赛中,光缆开缆也是一项重要的考核技能。

皮线光缆是接入网用蝶形引入光缆的俗称,相对于传统光缆,以其灵活性强,接续方便简单,适合楼宇等建筑内部布线使用等特点,广泛应用于现在的 FTTH 光纤入户工程中。

【实训技能要求】

(1) 掌握室外光缆、皮线光缆的开剥方法。

(2) 掌握应用光纤切割刀制作光纤端面的方法。

【实训任务】

(1) 完成一根室外光缆的开缆,制作合格端面。

(2) 完成一根单芯皮线光缆的开缆,制作合格端面。

【实训设备、材料和工具】

光纤切割刀、皮线光缆开剥器、光纤剥线钳、凯夫拉剪刀、钢丝钳(蛇头钳)、虎口钳、斜口钳、酒精瓶(泵式)等。

【实训步骤】

室外光纤开缆步骤如下。

(1) 用斜口钳将光缆外皮剥开一小段,将里面两根钢丝侧拉,如图 10-1 所示。

(2) 一只手握紧光缆,另一只手用斜口钳夹紧钢丝,向内侧旋转牵出钢丝,如图 10-2 所示。

(3) 牵引出的钢缆,如图 10-3 所示。

  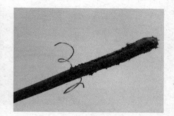

图 10-1　拨开外皮　　　　　图 10-2　拉出钢丝　　　　　图 10-3　拉出两根钢丝

(4) 用钢丝钳(蛇头钳)将其中一根旋转钢丝剪断,另外一根留下在光纤配线盒内固定。用剥皮钳剪掉黑色光纤保护套至钢丝剪断处,如图 10-4 和图 10-5 所示。

图 10-4　剪断钢丝

图 10-5　留下一根钢丝

（5）用光纤剥线钳除去光纤保护套，如图 10-6 所示。

（6）用光纤剥线钳剥去光纤涂覆层，如图 10-7 所示。

图 10-6　除去光纤保护套

图 10-7　剥去光纤涂覆层

（7）用酒精擦拭干净裸纤，如图 10-8 所示。

（8）完成开缆，如图 10-9 所示。

图 10-8　清洁裸纤

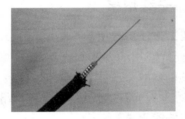

图 10-9　完成开缆

皮线光缆开缆步骤如下。

（1）用斜口钳光缆将皮线光缆钢丝护套与光纤护套中间保护部分剪开一小段，如图 10-10 所示。

（2）用手将钢丝护套与光纤侧拉开约 15cm，如图 10-11 所示。

图 10-10　剪开护套

图 10-11　分开护套

（3）将剥开的光纤护套部分穿入皮线光缆开剥器中间孔，如图 10-12 所示。

（4）用力压紧皮线光缆开剥器，剥去光纤护套，露出裸纤，如图 10-13 所示。

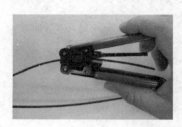

图 10-12　穿入开剥器

图 10-13　剥去光纤护套

（5）用钢丝钳（蛇头钳）剪断钢丝护套，如图 10-14 所示。

（6）用光纤剥线钳清洁裸纤涂覆层，用无尘酒精擦拭干净裸纤，如图 10-15 所示。

图 10-14　剪断钢丝护套

图 10-15　清洁涂覆层

实训二　光纤熔接

【典型工作任务导引】

随着光纤应用的大范围普及，光纤熔接技术已经成为光纤施工系统中最基础、最重要的一项技能。光纤入楼、光纤入户等场合都需要光纤熔接工作。熟悉掌握光纤熔接技术，保证网络畅通，是一个合格布线从业人员的基本技能。

【实训技能要求】

（1）掌握光纤熔接的基本知识。

（2）掌握光纤熔接机的使用方法及接续步骤，光纤熔接步骤流程如图 10-16 所示。

【实训任务】

完成 2 根尾纤的熔接。

【实训设备、材料和工具】

光纤熔接机、光纤切割刀、光纤剥线钳、凯夫拉剪刀、斜口钳、酒精瓶（泵式）等。

【实训步骤】

（1）将一条标准光纤跳线，中间剪断，做成两段尾纤。用光纤剥线钳剥去尾纤外皮，如果选用室外光缆或者皮线光缆，按照前述步骤开缆，如图 10-17 所示。

（2）用光纤剥线钳清除光纤涂覆层，如图 10-18 所示。

（3）将热缩保护管套在待熔接光纤上，用以熔接后保护接点，用无水酒精清洁裸纤，如图 10-19 所示。

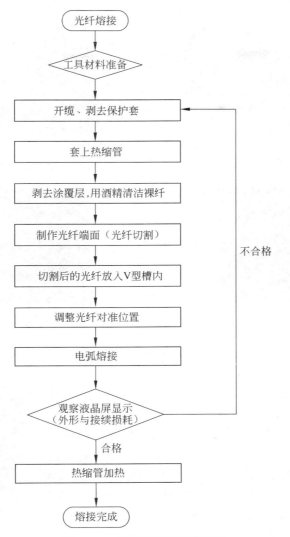

图 10-16　光纤熔接步骤流程图

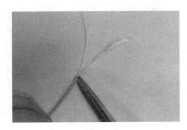

图 10-17　制作尾纤

图 10-18　清除涂覆层

（4）用无尘酒精清洁裸纤，如图 10-20 所示。

（5）用光纤切割刀切割裸纤，制作端面，如图 10-21 所示。

（6）打开光纤熔接机防风罩，将切好端面的两段裸纤左右放入 V 型槽，如图 10-22 所示。

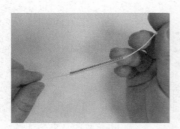

图 10-19　安装热缩保护管套

图 10-20　清洁裸纤

图 10-21　制作端面

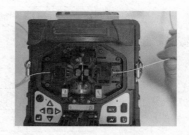

图 10-22　放入 V 型载纤槽

（7）盖上熔接机的防风盖后,通过光纤熔接机的液晶显示屏观察光纤对准位置情况,可适当手工调整位置使两边光纤位置居中对准。

（8）按下光纤熔接机"熔接"键进行熔接,通过液晶屏观察熔接情况,如图 10-23 所示。

（9）显示熔接合格完成后,依次打开防风罩,光纤压板,小心取出光纤,将热缩保护套管小心移动到熔接点处中间位置,将套好热缩保护套管的光纤轻放于熔接机前侧加热槽中,如图 10-24 所示。盖好保护盖,按"加热"键,等待热缩管加热完成,取出光纤,完成熔接,如图 10-25 所示。

图 10-23　开始熔接

图 10-24　加热热缩保护套管

图 10-25　熔接完成

【相关知识】

全自动光纤熔接机在放置好光纤,盖好防风罩后,就开始自动熔接工作,包括光纤清洁、端面对准、间隙设定、纤芯准直、电弧放电熔接和熔接点损耗值估算等。一般 6-9 秒后,熔接工作完成,熔接结果会直接显示在液晶显示屏。热缩保护管放置在加热槽中盖好保护盖后,也会自动加热,无须人工干预。

实训三　光缆盘纤

【典型工作任务导引】

光纤熔接后的盘纤工作既是一项技能技术,也是一门艺术。科学的盘纤方法,可使光纤布局合理美观、附加损耗小、经得住时间和恶劣环境的考验,避免出现挤压造成的断纤现象。

【实训技能要求】

(1) 掌握光纤熔接机的使用方法及接续步骤。

(2) 掌握余留光纤在接头盒内的收容方法。

【实训任务】

完成 1 根 4 芯室外光缆的熔接与盘纤。

【实训设备、材料和工具】

室外光缆、尾纤、光纤跳线架、虎口钳等。

【实训步骤】

(1) 开剥光缆,识别光缆的端别和纤序。

(2) 安装光纤接头盒。

(3) 制作光纤端面。

(4) 使用光纤熔接机进行光纤熔接。

(5) 盘纤,将熔接好的光纤盘到光纤收容盘内,在盘纤时,盘圈的半径越大,弧度越大,整个线路的损耗越小。所以一定要保持一定的半径,使激光在光纤传输时,避免产生一些不必要的损耗。

(6) 盘纤完成后,盖上盘纤盒盖板。

【实训拓展】

可参考图 10-26,进行光纤跳线架、ODF 熔接、连接工作。

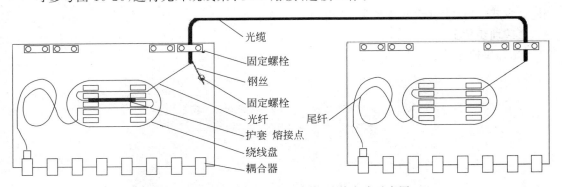

图 10-26　光纤跳线架、ODF 熔接、连接方式示意图

【相关知识】

盘纤时,先中间后两边,即先将热缩后的套管逐个放置于固定槽中,然后处理两侧余纤。这种做法的优点是有利于保护光纤接点,避免盘纤可能造成的损害。在光纤预留盘空间小,光纤不易盘绕和固定时,常用此种方法。另一种方法是,以一端开始盘纤,即从一侧的光纤

盘起,固定热缩管,然后处理另一侧余纤。这种做法的优点是可根据一侧余纤长度灵活选择效铜管安放位置,方便快捷,可避免出现急弯、小圈现象。

盘纤时,一些特殊情况的处理,如个别光纤过长或过短时,可将其放在最后单独盘绕;带有特殊光器件时,可将其另盘处理,若与普通光纤共盘时,应将其轻置于普通光纤之上,两者之间加缓冲衬垫,以防挤压造成断纤,且特殊光器件尾纤不可太长。

可根据实际情况,采用多种图形盘纤。按余纤的长度和预留盘空间大小,顺势自然盘绕,切勿生拉硬拽,应灵活地采用圆、椭圆、CC 多种图形盘纤(注意 $R \geqslant 4\text{cm}$),尽可能最大限度利用预留盘空间和有效降低因盘纤带来的附加损耗。

实训四 光纤连接器冷接

【典型工作任务导引】

光纤接续分为热熔和冷接两种方式,热熔适用于连接要求高、精度高的情况,冷接适用于连接要求不高的情况,成本低,施工简易。光纤冷接大量应用于光缆应急抢修、光纤入户、局域网终端等场合。

随着 FTTH 的迅猛发展,对光纤冷接子的需求也大大增加。光纤快速连接器与光纤冷接子在 FTTH 接入中发挥着不可替代的作用。光纤快速连接器和光纤冷接子现场端接无须熔接,操作方便快捷、接续成本低,真正实现了随时随地的接入。

【实训技能要求】

掌握光纤连接器和冷接子连接的基本知识和操作方法。

【实训任务】

(1) 完成 SC 光纤快速连接器的冷接。

(2) 完成预埋式光纤冷接子的冷接。

【实训设备、材料和工具】

皮线光缆、皮线光缆开剥器、光纤剥线钳、光纤切割刀、凯夫拉剪刀、虎口钳、斜口钳、酒精瓶(泵式)、SC 光纤快速连接器、光纤冷接子等。

【实训步骤】

光纤快速连接器组件如图 10-27 所示,其冷接操作步骤如下。

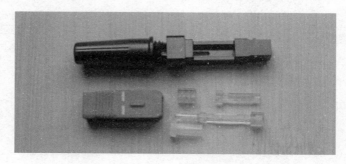

图 10-27 光纤快速连接器组件

(1) 接续前准备工作。所用材料和工具,如图 10-28 所示。

(2) 打开连接器螺母。

（3）将清洁干净的光纤套入连接器螺母中，如图 10-29 所示。

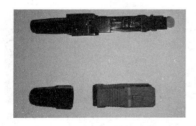

图 10-28　准备快速连接器与相关工具

图 10-29　将螺母套入光纤

（4）剥掉光纤涂覆层。

（5）清洁光纤。

（6）切割光纤。

（7）将切割好的光纤插入接续导向口中，如图 10-30 所示。

（8）轻推入光纤到合适位置，确认对准，如图 10-31 所示。

（9）拧紧螺母，套入连接头，如图 10-32 和图 10-33 所示。

图 10-30　将切割后做好端面的裸纤插入导向口

图 10-31　向前轻推卡扣

图 10-32　拧紧螺母

图 10-33　套入连接器头

光纤冷接子在两根尾纤对接时使用，它内部的主要部件是一个精密的 V 型槽，在两根尾纤拨纤之后利用冷接子来实现两根尾纤的对接。光纤冷接子操作起来更简单快速，比用熔接机熔接省时间。光纤冷接子操作流程如下。

（1）准备好相应材料和工具，如图 10-34 所示。

（2）剥除待续光纤外皮。

（3）清洁光纤。

（4）切割光纤。

（5）光纤对接，如图 10-35 所示。

(6) 接续、压接,如图 10-36～图 10-38 所示。

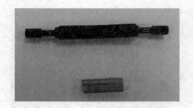

图 10-34 准备好冷接子和相应工具

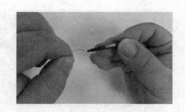

图 10-35 将切割好端面,清洁干净的裸纤插入冷接子

图 10-36 拧紧螺母

图 10-37 用力挤压卡槽

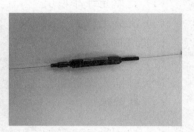

图 10-38 冷接完成

实训五 有源全光网络系统

【典型工作任务导引】

有源全光网面向教育、商旅、办公、住宅等园区应用场景,通过全新光纤入室的部署方式,结合以太网,通过架构简单的组网和 SDN(软件定义网络)技术,在万物互联时代,为园区网络业务提供面向高带宽、低延时、高度灵活、极简运维的网络平台。

【实训技能要求】

(1) 掌握光纤熔接、光纤冷接技能。

(2) 学会光纤线缆敷设技能。

(3) 学会网络设备交换机、摄像头等安装调试。

【实训任务】

(1) 完成各个子系统的光纤系统网络连接、端接与敷设。

(2) 完成笔记本电脑端经全光网链路,可实时监控摄像头画面。

【实训设备、材料和工具】

清华易训 Cable 100S-F 全光网实训台、光纤熔接机、光纤跳线、清华易训光纤实训工具箱 Fiber Tool KIT、清华易训光纤冷接工具箱 Fiber box 等。

【实训步骤】

(1) 设计、部署有源全光网网络系统。参考清华易训有源全光网实训链路示意图,如图 10-39 所示。

(2) 工作区光纤布线配线实训。包括模拟家居或办公区信息箱内光纤的配线、工作区

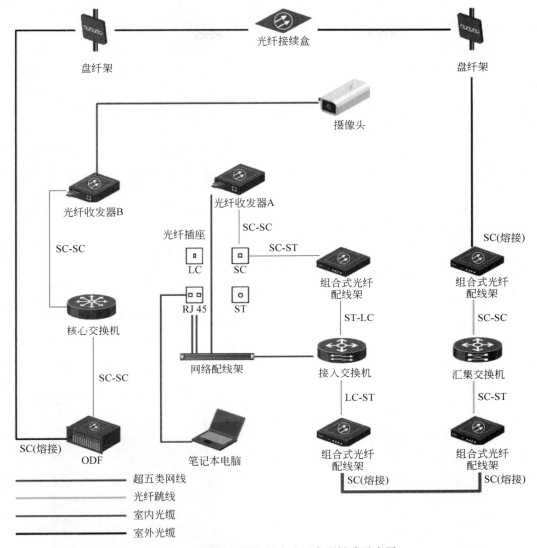

图 10-39　清华易训有源全光网实训链路示意图

光纤布线、桌面(墙面)光纤插座的安装,掌握工作区信息箱内光纤配线方法,桌面(墙面)光纤插座的安装方法等。

(3) 水平系统光缆布线配线实训。包括建筑物水平系统光纤布设、楼层光纤配线、入户光纤插座的安装等,熟悉光缆配线盒的配线端接以及用户光纤插座的安装方法。

(4) 管理间子系统光纤布线实训。包括光纤跳线架的光纤熔接和光电转换器使用方法。

(5) 垂直系统光缆布线配线实训。包括建筑物垂直系统光缆布设、室内光缆与室外光缆的对接、熟悉光缆分支盒(可选)的使用方法。

(6) 设备间子系统光纤布线配线实训。包括光纤配线架内(ODF)的光纤熔接和各种类型光纤配跳线连接的方法。

（7）建筑群子系统光缆布线安装实训。包括建筑群光缆架空布设、光缆续接，熟悉光缆接续盒内光缆续接的操作方法，以及 ODF 光纤配线箱的熔接操作。

（8）穿钢管布线安装实训。包括核心、汇聚、接入三层交换机光纤连接方法。仿真核心交换机与仿真汇聚交换机之间采用光缆穿钢管（或 PVC 管）方式布线。真实展示了综合布线建筑群子系统（CD—BD）之间布线结构和原理。仿真汇聚交换机与接入层交换机之间采用光缆穿钢管（或 PVC 管）方式布线。真实展示了综合布线建筑物内部设备间和垂直子系统（BD-FD）之间布线结构和原理。

穿钢管布线实训步骤包括：确定建筑群子系统中，设计光缆走向和位置，测量使用钢管的尺寸和长度。使用扇形弯管器，将钢管弯曲。将光缆放置入弯曲好的钢管，进行钢管位置固定。穿 pvc 管操作步骤类似上述步骤。（PVC 管使用简易弹簧弯管器）。

（9）网络设备安装与软件调试。包括网络交换机、网络摄像机的安装连接使用方法。根据设备厂商提供的网络交换机、网络摄像机，结合易训实训台进行安装调试实训。

（10）全光网链路测试。笔记本电脑端安装摄像头管理软件，按照图所示连接链路，笔记本电脑端可以实时监控摄像头画面。

【实训拓展】

参考图 10-40～图 10-42，理解对比全光网真实设备连接与仿真设备连接的异同。

图 10-40　清华易训 Cable 100S-F 全光网实训台示意图

图 10-41　清华易训 Cable 100S-F 全光网实训台（仿真交换机）示意图

【相关知识】

光纤插座也叫光纤信息插座，按接头类型可分为 ST、SC、LC、FC 等几种类型。按连接的光纤类型类别又分成多模、单模两种。信息插座的规格有单孔、二孔、四孔、多用户等。

光信号只能单向传输。收对发，发对收，所以每一条光纤传输通道包括两根光纤，一根接收信号，另一根发送信号，光纤传输系统才能正常工作。在水平光缆或干线光缆终接处的光缆侧，建议采用单工光纤连接器，在用户侧，采用双工光纤连接器，以保证光纤连接的极性正确。

图 10-42　清华易训 Cable 100S-F 全光网实训台正面与背面配置图

实训六　光纤链路损耗测试

【典型工作任务导引】

当前由于各种应用和用户对带宽需求的进一步增加,光纤链路对满足高带宽方面具有巨大的优势,光纤的使用越来越广泛。无论是布线施工人员,还是网络维护人员,都有必要掌握光纤链路测试的技能。

【实训技能要求】

熟悉光纤测试、光纤链路损耗测试等,熟悉光纤链路的测试方法,掌握光纤测试仪器(如光功率计、光时域反射计等)的操作方法。

【实训任务】

完成 3 个光纤链路的损耗测试。

【实训设备、材料和工具】

光纤熔接机、光纤工具箱、光纤冷接工具箱、光功率计、稳定光源、光纤终端盒、皮线光缆、多模光纤跳线、光纤耦合器、光纤快速连接器。

【实训步骤】

(1)制作 3 根长度为 5m 的单芯皮线光纤,两端制作 SC 快速连接器。

(2)两端依次分别接入光纤终端盒的 1~3 号和 10~12 号进线口,链路两端标记相应链路为 L1、L2、L3,光缆合理盘纤在光纤终端盒内。

(3)使用标准合格的两根长度为 3m 的 SC-SC 多模光纤跳线,通过光纤跳线连接光纤光功率计和光源,如图 10-43 和图 10-44 所示,先测试光源输出功率,校准相对值后,分别连接 L1、L2、L3 光纤链路,测试该链路损耗,并记录在表 10-1 中。常用光功率计与稳定光源如图 10-45 所示。

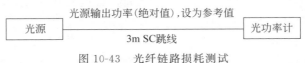

图 10-43　光纤链路损耗测试

链路损耗值(相对值)

图 10-44　光纤链路损耗测试

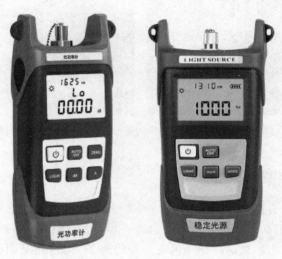

图 10-45　光功率计与稳定光源

表 10-1　光纤链路损耗测试结果

光纤链路	光源输出功率(绝对值)dBm	链路损耗值(相对值)dB
L1		
L2		
L3		

【实训注意事项】

(1) 光纤链路长度为 5m,合理盘在光纤终端盒内。

(2) 正确规范制作皮线光缆两端 SC 快速连接器;按要求插入对应端口。

(3) 使用光源和光功率计,光源波长设置为 1310,先测量一根跳线的输入功率,设为参考值,然后再测量光纤链路损耗值,记录结果。

【相关知识】

单模光纤传输距离为 10km 的光缆线路的详细损耗计算如下。

光纤的传输损耗:$10km \times 0.2dB/km = 2dB$。

FC 型尾纤接头损耗:$2 \times 0.3dB = 0.6dB$。

光纤熔接点的损耗:$5 \times 0.1dB = 0.5dB$(一般每 2 公里光纤有 1 个熔接点)。

光纤配线架损耗:$2 \times 2dB = 4dB$。

光学损耗裕量:2.0dB。

则 10km 光纤总损耗预算:$2dB + 0.6dB + 0.5dB + 4dB + 2dB = 9.1dB$。

假定光源的发射功率为－7.0dB,则光功率计全程测量出的损耗为－16.1dB 左右。若测试的结果与预算值偏差较大,则判断线路存在有故障点,需利用 OTDR(光时域反射仪)进行精细测量。

实训七　FTTH 无源光网络

【典型工作任务导引】

我国城市居民小区已经大面积普及 FTTH,对于从事电信工作的布线施工人员或网络维护人员,都有必要掌握 FTTH 相关的技能。FTTH 线路包括中心局节点、主干光节点、接入点/交接箱、配线光节点(小区配线间/交接箱)、用户光节点(楼宇配线间/交接箱)、楼层光分纤箱/接头盒、光纤插座、用户信息箱等多种设备。本节重点进行光缆接续与用户信息箱线路的实训。

【实训技能要求】

熟悉掌握光缆敷设、光缆接续、光纤冷接、光纤熔接、光纤信息面板端接等技能。

【实训任务】

完成室外光缆到光纤入户到用户房间内的链路链接。

【实训设备、材料和工具】

室外光缆、皮线光缆、光纤入户信息箱、SC 多模光纤尾纤、光纤切割刀、光纤快速连接器、光猫、光纤面板、RJ 45 网络跳线、RJ11 电话跳线等。

【实训步骤】

(1) 按照如图 10-46 所示,设计 FTTH 网络线路图。

(2) 将 FTTH 用户信息箱安装在实训墙上,如图 10-46 所示,固定好位置。

(3) 在实训墙敷设一根室外光缆,开缆,通过接续盒熔接,链接一根皮线光缆。

(4) 将皮线光缆引入光纤信息箱,接入光纤信息面板,制作一根尾纤。

(5) 制作一根 SC-SC 光纤跳线,一头插入光纤面板,一头插入 ONU 设备(如光猫)。

(6) 光猫分支出网络线缆与电话线缆到用户各个房间。

(7) 网络线缆接入无线路由器,为家庭用户的上网设备诸如手机、平板电脑、笔记本、高清电视等提供 Wi-Fi 网络上网,参考图 10-47。

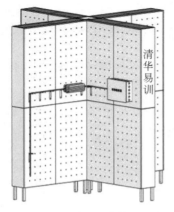

图 10-46　FTTH 线缆敷设示意图

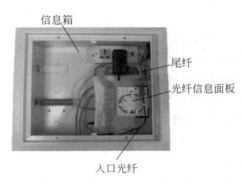

图 10-47　FTTH 信息箱示意图

第 **11** 章

综合布线系统工程实训信息管理与仿真实训

实训一 综合布线实训无线管理系统

【典型工作任务导引】

每年都有各种级别的信息网络布线技能大赛赛事在全国举行,清华易训综合布线实训无线管理系统(技能大赛管理系统),是针对综合布线系统教学实训和综合布线系统技能大赛考评而开发的专业测评软件。清华易训综合布线实训无线管理系统可以统一管理清华易训综合布线线缆端接、光纤端接实训设备,对提高职业院校综合布线系统实训技能和考核水平具有极大帮助。

综合布线实训无线管理系统有以下特点。

(1) 产品软硬件结合。包含 1 套软件系统和 1 套带天线的数据无线接收盒。

(2) 自动无线实训功能。系统安装在综合布线实训笔记本电脑中,自动接收来自线缆跳线及故障测试仪、通讯端接实训及测试仪、光纤性能测试仪等设备发送的 2.4G 无线传输实训数据。

(3) 实时监测、考评。教师或技能大赛评委坐在电脑前,即可轻松监控实训室内或大赛现场每位学生或参赛选手的每一次实训操作结果、错误类型以及改正情况,并可对学生实训的结果进行存储、查询和打印。综合布线实训无线管理系统大大提高了实验教师工作效率,提升了技能考核、实训教学评估的科学性。

综合布线实训无线管理系统具有以下功能。

(1) 完善的实训测试结果考评功能。可以在管理机中监控实训室内或大赛现场内所有实训测试设备的实训操作结果、错误类型以及改正情况,以及时进行指导纠正或用于考评等工作。

(2) 智能化测试结果显示功能。实现竞赛测试结果的实时显示,图形显示区可直观显示测试结果,清晰定位、判断、考核每个学生的实训情况。

(3) 数据分析处理功能。提供实训数据的保存、打印和分析处理。学生实训项目结束后,教师可以对学生的实训情况进行分析、考评。

【实训技能要求】

掌握计算机软件安装方法、计算机端口设置与修改技巧。

【实训任务】

完成 4 组学生实训结果考评。

【实训设备、材料和工具】

清华易训 E-Training Cable 300 线缆实训仪一台、清华易训 E-Training Cable 500 线缆实训仪一台、清华易训 E-Training Cable 800 光纤实训仪一台、微型计算机或笔记本电脑一台。

Cat5e 标准跳线 12 根、单模光纤 SC-SC1 对、多模光纤 SC-SC 2 对、单模光纤 SC-ST 1 对、多模光纤 SC-ST 2 对、单模光纤 LC-LC 2 对、光纤 LC-LC 2 对。

【实训步骤】

（1）系统安装。在教师管理机桌面双击清华易训综合布线实训无线管理系统安装文件。操作系统为 Win7 和 Win8 系统时,按照系统操作提示、参考手册修改计算机对应的端口号码;操作系统为 Win10 和 Win11 时,自动安装,如图 11-1 和图 11-2 所示。

图 11-1　安装系统

图 11-2　安装硬件驱动

（2）安装无线终端控制盒。将随机配备的无线终端控制盒 USB 线缆插入计算机的 USB 口内,系统自动检测到硬件,并自动安装硬件驱动系统。无线终端控制盒如图 11-3 所示。

（3）实训测试与测评。打开 Cable 300/500/800 实训仪电源开关,如图 11-4 所示,输入对应的实训人员姓名和学号,开始实训,教师管理机的无线管理界面即可进行管理实训工作。监测界面如图 11-5～图 11-7 所示。

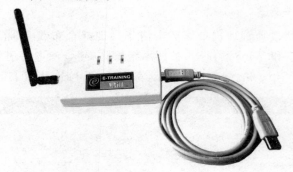

图 11-3　无线终端控制盒

图 11-4　清华易训 Cable800 光纤实训仪

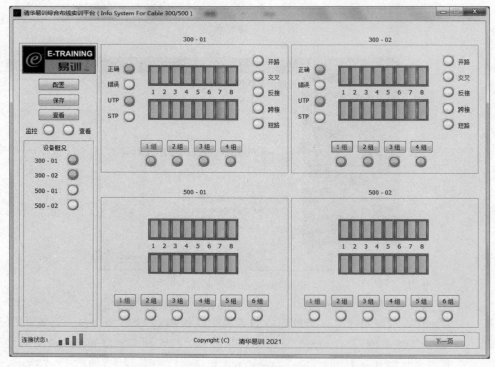

图 11-5　综合布线实训无线管理系统监测界面 1

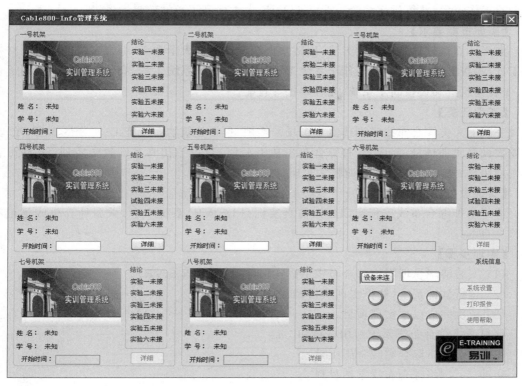

图 11-6　综合布线实训无线管理系统监测界面 2

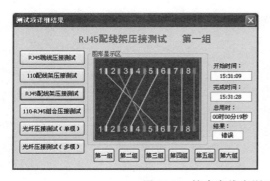 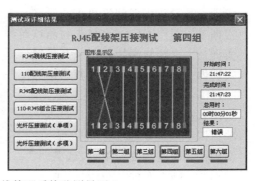

图 11-7　综合布线实训无线管理系统监测界面 3

实训二　综合布线工程实训虚拟仿真

【典型工作任务导引】

虚拟仿真技术是近些年发展起来的一门新技术。目前大量的职业教育课程中引入了虚拟仿真课程教学,它提供了一种传统教学模式以外的全新实训教学模式,带给学生全景式、全维度、真实场景的体验感。综合布线系统工程教学是一门实操性很强的学科,对于场地和操作安全有着较高要求。在综合布线系统工程教学中,虚拟仿真实训很好地解决了上述两个问题,不再受空间的约束和限制,让学生从枯燥的实训环境走入生动形象、多维互动的沉浸式仿真环境中,沉浸式操作、理解综合布线系统的各个

子系统工作流程,熟练操作综合布线施工工具,大大提高了教学效果。

【实训技能要求】

掌握计算机软件基本安装方法,理解掌握综合布线七大子系统、综合布线系统常用材料和工具、端接配线系统、安装工作子系统工程、安装水平子系统工程、安装垂直和管理间子系统、安装建筑群和设备间子系统、光纤熔接等技能。

【实训任务】

完成七大类综合布线实训仿真虚拟场景实训,包括建筑物布线施工、工作区端接、光缆、铜缆敷设等实训场景,完成 15 种综合布线常用工具 3D 虚拟仿真实训教学实训,30 种综合布线常用材料 3D 虚拟仿真实训教学实训。

【实训设备、材料和工具】

清华易训综合布线工程实训虚拟仿真实训(PDS VR)系统一套,微型计算机或笔记本电脑一台。

【实训步骤】

(1) 安装清华易训网络综合布线工程实训虚拟平台(PDS VR)。

(2) 运行软件系统,选择实训项目,如图 11-8 所示。

(3) 依次完成以下实训项目。

项目一　综合布线系统常用材料和工具

实训一:网络综合布线常用工具

实训二:网络综合布线常用材料

项目二　端接综合布线系统配线系统

实训一:安装标准网络机柜与设备

实训二:端接 RJ 45 水晶头与测试跳线

实训三:安装与端接基本永久链路

实训四:安装与端接永久复杂链路

项目三　安装工作子系统工程

实训:安装工作区子系统信息点

项目四　安装水平子系统工程

实训一:铺设和安装 PVC 线管

实训二:铺设和安装 PVC 线槽

实训三:铺设水平子系统线缆

项目五　安装垂直和管理间子系统

实训一:安装楼层机柜

实训二:铺设垂直系统

实训三:安装管理间子配线系统

项目六　安装建筑群和设备间子系统

实训一:铺设建筑群子系统

实训二:铺设建筑物子系统

实训三:铺设和熔接光纤

实训四:室内光纤铺设与熔接

图 11-8　综合布线工程实训虚拟仿真实训系统界面

实训三　智能布线管理系统

【典型工作任务导引】

智能建筑已经成为现代建筑的主流,智能布线系统广泛应用于现代智能建筑的信息传输网络中,电子配线架和布线信息管理系统是其中重要的内容。相对于传统综合布线管理,智能布线管理系统更直观、科学,可以避免人为管理综合布线的错误,减少管理人员的工作量,减少系统维护成本和宕机时间,在数据中心等场景中应用越来越广泛。

【实训技能要求】

掌握计算机软件安装方法,熟悉网络设备交换机等基本操作技能,熟悉网管软件的基本操作,熟练掌握铜缆跳线端接技能。

【实训任务】

完成智能布线管理系统软件的安装、配置,完成网络拓扑图绘制。

【实训设备、材料和工具】

智能管理单元主机 1 台、智能配线架 2 台、24 口交换机 1 台、Cat5e 智能跳线 3 根、Cat5e 普通跳线 7 根、智能布线管理软件 1 套、微型计算机或笔记本电脑一台。

【实训步骤】

(1) 安装清华易训 E-PDS 智能布线管理软件,如图 11-9 所示。

(2) 将智能管理单元主机(IMU)、智能配线架(S、C)、交换机(Switch)按照如图 11-10 所示位置安装、连接。将 3 根非屏蔽 Cat5e 双绞线电缆的一端分别端接在智能配线架 S 的 1-3 号端口,相对应的另一端分别端接交换机的 2、4、6 号端口。智能配线架 S 与 C 之间 1、2、3 端口用智能跳线连接。智能配线架 S 与 C 中间网络端口分别用非屏蔽 Cat5e 双绞线电缆与智能管理单元主机级联端口 1、2 口连接,交换机与智能管理单元网络端口用非屏蔽 Cat5e 双绞线电缆连接,计算机与交换机用非屏蔽 Cat5e 双绞线电缆连接。

(3) 启动智能布线管理软件。打开浏览器,在地址栏输入 http://127.0.0.1:8080 后回车,输入用户名 admin 密码"123456"单击"登录"按钮,登录系统(端口号 8080 可在系统 HTTP Connect Port 功能中设置修改)。

(4) 进行系统的基本配置。包括配置大厦信息、楼层信息、房间信息,增加交换机,导入静态连接关系,信息点数据的导入,调整信息点在楼层平面图上的位置,调整 IMU 及配线

图 11-9　智能布线管理软件界面

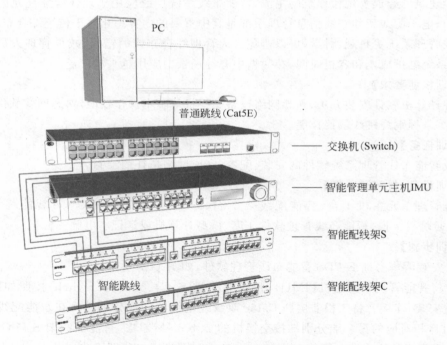

图 11-10　智能布线管理系统连接示意图

架在机柜中的位置、添加用户等。

（5）选择"查看模式"依次单击"大厦 1""楼层 1""配线间 1"，分别对楼层信息点分布页面和楼层配线间管理界面进行截图，命名保存。

（6）根据接入网络的结构，使用 Visio 等软件绘制网络拓扑图。

附　录

附录 A　综合布线系统常用术语、缩略语和设备图形符号

为了深入学习和理解综合布线系统,进行综合布线系统设计、施工、测试、验收等工作,需要了解综合布线系统中的常用术语、缩略语和设备图形符号的含义和表示方法。附表1~附表4列出了最新国家标准《综合布线系统工程设计规范》(GB 50311—2016)和其他有关国家标准中提及的综合布线系统中常用术语、中文缩略语、英文缩略语和设备图形符号,以供参考查阅。

附表 1　综合布线系统常用术语说明

名　　称	说　　明
综合布线系统	采用标准的缆线与连接器件将所有语音、数据、图像及多媒体业务系统、设备的布线组合在一套标准的布线系统中。其作为开放的结构化配线系统,综合了通信网络、信息网络及控制网络的配线,为其相互间的信号交互提供通道
布线	能够支持电子信息设备相连的各种缆线、跳线、接插软线和连接器件组成的系统
工作区	需要设置终端设备的独立区域
配线子系统	配线子系统应由工作区内的信息插座模块、信息插座模块至电信间配线设备(FD)的水平缆线、电信间的配线设备及设备缆线和跳线等组成
干线子系统	干线子系统应由设备间至电信间的主干缆线、安装在设备间的建筑物配线设备(BD)及设备缆线和跳线组成
建筑群子系统	建筑群子系统由配线设备、建筑物之间的干线缆线、设备缆线、跳线等组成
电信间	放置电信设备、缆线终接的配线设备,并进行缆线交接的一个空间
设备间	设备间应为在每栋建筑物的适当地点进行配线管理、网络管理和信息交换的场地
综合布线系统 设备间	综合布线系统设备间宜安装建筑物配线设备(BD)、建筑群配线设备(CD)、以太网交换机、电话交换机、计算机网络设备,入口设施也可安装在设备间
进线间	进线间为建筑物外部信息通信网络管线的入口部位,并可作为入口设施的安装场地
入口设施	提供符合相关规范的机械与电气特性的连接器件,使得外部网络缆线引入建筑物内
管理	管理系统对工作区、电信间、设备间、进线间、布线路径环境中的配线设备、缆线、信息插座模块等设施按一定的模式进行标识、记录和管理

名　　称	说　　明
信道	连接两个应用设备的端到端的传输通道
链路	一个 CP 链路或是一个永久链路
永久链路	信息点与楼层配线设备之间的传输线路。它不包括工作区设备缆线和连接楼层配线设备的设备缆线、跳线,但可以包括一个 CP 链路
集合点	楼层配线设备与工作区信息点之间水平缆线路由中的连接点
CP 链路	楼层配线设备与集合点(CP)之间,包括两端的连接器件在内的永久性的链路
建筑群配线设备	终接建筑群主干缆线的配线设备
建筑物配线设备	为建筑物主干缆线或建筑群主干缆线终接的配线设备
楼层配线设备	终接水平缆线和其他布线子系统缆线的配线设备
连接器件	用于连接电缆线对和光缆光纤的一个器件或一组器件
光纤适配器	将光纤连接器实现光学连接的器件
建筑群主干缆线	用于在建筑群内连接建筑群配线设备与建筑物配线设备的缆线
建筑物主干缆线	入口设施至建筑物配线设备、建筑物配线设备至楼层配线设备、建筑物内楼层配线设备之间相连接的缆线
水平缆线	楼层配线设备至信息点之间的连接缆线
CP 缆线	连接集合点(CP)至工作区信息点的缆线
信息点(TO)	缆线终接的信息插座模块
设备缆线	通信设备连接到配线设备的缆线
跳线	不带连接器件或带连接器件的电缆线对和带连接器件的光纤,用于配线设备之间进行连接
缆线	电缆和光缆的统称
光缆	由单芯或多芯光纤构成的缆线
线对	由两个相互绝缘的导体对绞组成,通常是一个对绞线对
对绞电缆	由一个或多个金属导体线对组成的对称电缆
屏蔽对绞电缆	含有总屏蔽层或每线对有屏蔽层的对绞电缆
非屏蔽对绞电缆	不带有任何屏蔽物的对绞电缆
多用户信息插座	工作区内若干信息插座模块的组合装置
光纤到用户单元通信设施	光纤到用户单元工程中,建筑规划用地红线内地下通信管道、建筑内管槽及通信光缆、光配线设备、用户单元信息配线箱及预留的设备间等设备安装空间
住宅区和住宅建筑内光纤到户通信设施	建筑规划用地红线内住宅区内地下通信管道、光缆交接箱,住宅建筑内管槽及通信线缆、配线设备,住户内家居配线箱、户内管线及各类通信业务信息插座,预留的设备间、电信间等设备安装空间
配线区	根据建筑物的类型、规模、用户单元的密度,以单栋或若干栋建筑物的用户单元组成的配线区域

续表

名　　称	说　　明
光分配网	光分配网是指 OLT 与 ONU(ONT)之间的由光纤光缆及无源光元件(如光连接器和光分路器等)组成的无源光分配网络,简称 ODN
光分路器	光分路器是一种可以将一路或两路光信导分成多路光信号以及完成相反过程的无源器件。光分路器连接业务网络侧端口称为合路侧端口,连接用户侧的端口称为支路侧端口
数据中心	为集中放置的电子信息设备提供运行环境的建筑场所,既可以是一栋或几栋建筑物,也可以是一栋建筑物的一部分,包括主机房、辅助区、支持区和行政管理区等
主机房	数据中心主机房主要用于数据处理设备安装和运行的建筑空间,包括服务器机房、网络机房、存储机房等功能区域
设备插座	端接区域配线布缆系统,并为设备跳线提供接口的固定连接装置
配线管网	由建筑物外线引入管、建筑物内的整井、管、桥架等组成的管网
固定区域配线线缆	连接区域配线架到设备插座或本地配线点(如果存在)的线缆
用户接入点	多家电信业务经营者的电信业务共同接入的部位,是电信业务经营者与建筑建设方的工程界面。中间配线线缆连接中间配线架到区域配线架的线缆
用户单元	建筑物内占有一定空间、使用者或使用业务会发生变化的、需要直接与公用电信网互联互通的用户区域
配线光缆	用户接入点至园区或建筑群光缆的汇聚配线设备之间,或用户接入点至建筑规划用地红线范围内与公用通信管道互通的人(手)孔之间的互通光缆
用户光缆	用户接入点配线设备至建筑物内用户单元信息配线箱之间相连接的光缆
户内缆线	用户单元信息配线箱或家居配线箱至用户区域内或户内信息插座模块之间相连接的缆线
信息配线箱	安装于用户单元区域内的完成信息互通与通信业务接入的配线箱体。区域配线线缆连接区域配线架到设备插座或本地配线点的线缆
家居配线箱	安装于住户内的多功能配线箱体
无源光网络系统	由光线路终端(OLT)、无源光分配网(ODN)、光网络单元(ONU)组成的点到多点信号传输系统,简称 PON 系统
中间配线架	用于在主配线布缆子系统、中间配线布缆子系统、网络接入布缆子系统和其他各布缆子系统,以及有源设备间建立连接的配线架
本地配线点	区域配线布缆子系统中区域配线架和设备插座间的连接点
本地配线点线缆	连接本地配线点到设备插座的线缆
主配线线缆	连接主配线架到中间或区域配线架的线缆
主配线架	用于在主配线布缆子系统、网络接入布缆子系统和其他各布缆子系统以及有源设备间建立连接的配线架
网络接入线缆	连接外部网络接口到主配线架、中间配线架或区域配线架的线缆
区域配线架	用于主配线布缆子系统、中间配线布缆子系统、区域配线布缆子系统、网络接入布缆子系统和 ISO/IEC11801-1:2017 中规定的布缆子系统,以及有源设备间建立连接的配线架

附表 2　综合布线系统常用中文缩略语

序号	缩略语	名　称	序号	缩略语	名　称
1	AP	无线接入点(无线局域网接入点)	29	NI	网络接口
2	BD	建筑物配线设备	30	ODF	光纤配线架
3	CD	建筑群配线设备	31	ODN	无源光分配网
4	CP	集合点	32	OF	光纤
5	EDA	设备配线区	33	ONU	光网络单元
6	EPON	基于以太网方式的无源光网络	34	ONT	光网络终端
7	EoR	列头方式	35	OLT	光线路终端
8	ER	进线间	36	PBX	用户电话交换机
9	FE	快速以太网	37	PDB	配电模块(电源、箱)
10	FD	楼层配线设备	38	PDU	电源分配器
11	GE	千兆以太网	39	POD	交付点
12	GPON	吉比特无源光网络	40	PoE	以太网供电
13	HC	水平交叉连接	41	POL	无源光局域网
14	HDA	水平配线区	42	PON	无源光网络
15	ID	中间配线设备	43	POTS	传统电话业务(模拟电话业务)
16	IDA	中间配线区	44	RJ 45	8 位模块通用插座
17	IDC	卡接式配线模块	45	SAN	存储区域网络
18	IP	互联网协议	46	SC	用户连接器件(光纤活动连接器件)
19	IPTV	网络电视	47	SPD	浪涌保护器
20	IP-PBX	IP 电话用户交换机	48	SW	网络交换机
21	ISDN	综合业务数字网	49	TE	终端设备
22	KVM	多计算机切换器	50	TO	信息点
23	LAN	局域网	51	TCP/IP	传输控制协议/互联网协议
24	MC	主交叉连接	52	ToR	置顶方式
25	MDA	主配线区	53	UPS	不间断电源
26	MoR	列中方式	54	VoIP	网络电话
27	MPO	多芯推进锁闭光纤连接	55	WLAN	无线局域网
28	MTP	机械推拉式多芯光纤连接器件	56	ZDA	区域配线区

附表 3　综合布线系统常用英文缩略语

英文缩写	英文名称	中文名称或解释
ACR	Attenuation to Crosstalk Ratio	衰减串音比
dB	decibel	分贝
TCL	Transverse Conversion Loss	横向转换损耗
RL	Return Loss	回波损耗
PS ELFEXT	Power sum ELFEXT attenuation(loss) ELFEXT	衰减功率和
PSACR	Power sun ACR	功率和
ELFEXT	Equal Level Far End Crosstalk Aattenuation(loss)	等电平远端串音衰减

英文缩写	英 文 名 称	中文名称或解释
FEXT	Far end crosstalk attenuation(loss)	远端串音衰减(损耗)
PSNEXT	Power sum NEXT attenuation(loss)	近端串音功率和
IL	Insertion Loss	插入损耗
LCL	Longitudinal to Differential Conversion Loss	纵向对差分转换损耗
d.c.	Direct current	直流
Vr.m.s	Vroot.mean.square	电压有效值
SFF	Small Form Factor Connector	小型连接器
SC	Subscriber Connector(Optical fibre Connector)	用户连接器(光纤连接器)
EIA	Electronic Industries Association	美国电子工业协会
IEC	International Electrotechnical Commission	国际电工技术委员会
IEEE	The Institute of Electrical and Electronics Engineers	美国电气及电子工程师学会
ISO	International Organization for Standardization	国际标准化组织
TIA	Telecommunications Industry Association	美国电信工业协会
UL	Underwriters Laboratories	美国保险商实验室(安全标准)

附表 4　综合布线设备图形符号

序号	符号	名　称	序号	符号	名　称
1	CD　CD	建筑群配线设备(系统图,有跳线连接)	13	PSE	供电端设备(为以太网客户端设备供电的设备)
2	BD　BD	建筑物配线设备(系统图,有跳线连接)	14	LIU	光纤连接盘
3	FD　FD	楼层配线设备(系统图,有跳线连接)	15	SW	网络交换机
4	ID　ID	中间配线设备(系统图,有跳线连接)	16	PBX	电话用户交换机
5	ODF　ODF	光纤配线架(系统图)	17	IP-PBX	IP电话用户交换机
6	ODF	数字配线架(系统圈)	18	P-SW	以太网在线供电交换机
7	CP	集合点(系统图)	19	AP	无线接入点(无线局域网接入点)
8	CD	建筑群配线设备(平面图)	20	AP	无线接入点(无线局域网接入点,吸顶安装)
9	BD	建筑物配线设备(平面图)	21	TP	单孔电话插座
10	FD	楼层配线设备(平面图)	22	TD	单孔数据插座
11	ID	中间配线设备(平面图)	23	2TD	二孔数据插座
12	CP	集合点(平面图)	24	TO	单孔信息插座

序号	符号	名　称	序号	符号	名　称
25	(2TO)	二孔信息插座	41	VoIP	网络电话机
26	◯ MUTO	多用户信息插座	42	G	TCP/IP 网关
27	(TF)	光纤插座	43	IP	网络摄像机
28	(TV)	有线电视插座	44	ACU	出入口(门禁)控制
29	TE	终端设备	45		可视用户接收机(访客对讲系统)
30	NI	终端设备网络接口	46	SPT	入侵报警防护区域收发器
31	PD	受电端设备	47	DOC	直接数字控制器
32	HD	家居配线箱	48	ACQ	能耗计量采集器
33	IBT	信息配线箱(ONT)	49	PG	显示屏
34	ONT	光网络终端	50		扬声器(带功放)
35	IBU	信息配线箱(ONU)	51		浪涌保护器(SPD)
36	ONU	光网络单元	52		地线
37	OLT	光线路终端	53		光纤或光缆
38		光分路器电话机	54		光缆配线箱(多层/单层)
39		电话机	55		缆线槽盒
40	POTS	传统电话业务电话机(模拟电话机)网络电话机	—	—	—

附录 B　综合布线系统参考习题

1. 智能建筑是多学科跨行业的系统技术与工程,是建筑艺术与(　　)相结合的产物。
   A. 计算机技术　　B. 科学技术　　C. 信息技术　　D. 通信技术
2. 下列(　　)不属于综合布线的特点。
   A. 实用性　　B. 兼容性　　C. 可靠性　　D. 先进性
3. 综合布线系统设计要求结构合理、技术先进、满足需求,下列(　　)不属于综合布线系统的设计原则。

  A. 不必将综合布线系统纳入建筑物整体规划、设计和建设中

  B. 综合考虑用户需求、建筑物功能、经济发展水平等因素

  C. 长远规划思想、保持一定的先进性

  D. 扩展性、标准化、灵活的管理方式

4. 下列(　　)不属于综合布线产品选型原则。

  A. 满足功能和环境要求

  B. 尽可能选用高性能产品

  C. 符合相关标准和高性价比要求

  D. 售后服务保障

5. 工作区子系统设计时,同时也要考虑终端设备的用电需求,下面关于信息插座与电源插座之间的间距描述中,正确的是(　　)。

  A. 信息插座与电源插座的间距不小于 10cm,暗装信息插座与旁边的电源插座应保持 20cm 的距离

  B. 信息插座与电源插座的间距不小于 20cm,暗装信息插座与旁边的电源插座应保持 30cm 的距离

  C. 信息插座与电源插座的间距不小于 30cm,暗装信息插座与旁边的电源插座应保持 40cm 的距离

  D. 信息插座与电源插座的间距不小于 40cm,暗装信息插座与旁边的电源插座应保持 50cm 的距离

6. 下列 (　　) 不属于水平子系统的设计内容。

  A. 布线路由设计　　　　　　　　　B. 管槽设计

  C. 设备安装、调试　　　　　　　　D. 线缆类型选择、布线材料计算

7. 下列(　　)不属于管理子系统的组成部件或设备。

  A. 配线架　　　　B. 网络交换机　　　C. 水平跳线连线　　　D. 管理标识

8. 适合城域网建设和 FTTH 入户的光纤是(　　)。

  A. G652,G653　　　　　　　　　　B. G654,G655

  C. G656,G657　　　　　　　　　　D. G652,G657

9. 最新的智能建筑设计国家标准是(　　)。

  A. GB 50314—2015　　　　　　　　B. GB/T 50314—2006

  C. GB 50311—2016　　　　　　　　D. GB/T 50312—2016

10. 最新的综合布线系统工程设计国家标准是(　　)。

  A. GB 50312—2016　　　　　　　　B. GB 50311—2016

  C. GB 50314—2015　　　　　　　　D. GB 50314—2006

11. 综合布线三级结构和网络树形三层结构的对应关系是(　　)。

  A. BD 对应核心层,CD 对应汇聚层　　B. CD 对应核心层,BD 对应汇聚层

  C. BD 对应核心层,FD 对应接入层　　D. CD 对应核心层,FD 对应汇聚层

12. 从建筑群设备间到工作区,综合布线系统正确的顺序是(　　)。

  A. CD—FD—BD—TO—CP—TE　　　B. CD—BD—FD—CP—TO—TE

  C. BD—CD—FD—TO—CP—TE   D. BD—CD—FD—CP—TO—TE

13. 下面关于综合布线组成叙述正确的是（   ）。

  A. 建筑群必须有一个建筑群设备间

  B. 建筑物的每个楼层都需设置楼层电信间

  C. 建筑物设备间必须与进线间分开

  D. 每台计算机终端都需独立设置为工作区

14. 5e 类综合布线系统对应的综合布线分级是（   ）。

  A. B 级   B. D 级   C. E 级   D. F 级

15. 7 类综合布线系统对应的综合布线分级是（   ）。

  A. C 级   B. D 级   C. E 级   D. F 级

16. E 级综合布线系统支持的频率带宽为（   ）。

  A. 100MHz   B. 250 MHz   C. 500 MHz   D. 600 MHz

17. 6_A 类综合布线系统是在 TIA/EIA 568 的（   ）标准中定义的。

  A. TIA/EIA 568 B.1   B. TIA/EIA 568 B.3

  C. TIA/EIA 568 B.2—1   D. TIA/EIA 568 B.2-10

18. 下面关于 7 类对绞电缆和 8 类对绞电缆描述不正确的是（   ）。

  A. 7 类和 8 类线缆都是屏蔽线缆

  B. 8 类线缆可实现 2000MHz 的超高宽频

  C. 7 类线缆传输速率可达 10Gbps

  D. 8 类线缆最大传输距离为 90m

19. TIA/EIA 标准中（   ）标准是专门定义标识管理的。

  A. 568   B. 569   C. 570   D. 606

20. 目前执行的综合布线系统验收国家标准是（   ）。

  A. ISO/IEC 11801：2002   B. GB 50312—2007

  C. GB 50312—2016   D. GB/T 50314—2016

21. 综合布线国家标准 GB 50311—2016 中有（   ）强制执行条文。

  A. 1 条   B. 2 条   C. 3 条   D. 4 条

22. 传输速率能达 1Gbps 的最低类别双绞线电缆产品是（   ）。

  A. 3 类   B. 5 类   C. 5e 类   D. 6 类

23. 多模光纤传输 1Gbps 网络的最长传输距离是（   ）。

  A. 500m   B. 550m   C. 2000m   D. 5000m

24. 光纤规格 62.5/125 中的 625 表示（   ）。

  A. 光纤芯的直径   B. 光纤包层直径

  C. 光纤中允许通过的光波波长   D. 允许通过的最高频率

25. 6_A 类综合布线系统频率带宽是（   ）。

  A. 250MHz   B. 300MHz   C. 500 MHz   D. 600MHz

26. 传统光纤连接器有（   ）。

  A. ST、SC、FC   B. ST、SC、LC

  C. ST、LC、MU   D. LC、MU、MTRJ

27. 多模光纤熔接损耗值最大不能超过( )。
 A. 0.1dB B. 0.15dB C. 0.2dB D. 0.3dB

28. 墙面信息插座底部离地面的高度一般为( )。
 A. 10cm B. 20cm C. 30cm D. 40cm

29. 用双绞线敷设水平布线系统,此时水平布线子系统的最大长度为( )。
 A. 55m B. 90m C. 100m D. 110m

30. 关于综合布线系统信道和永久链路构成的描述,下面( )描述是正确的。
 A. 综合布线系统信道应由最长 100m 水平缆线、最长 10m 的跳线和设备缆线及最多 4 个连接器件组成,永久链路则由最长 100m 水平缆线及最多 3 个连接器件组成
 B. 综合布线系统信道应由最长 100m 水平缆线、最长 10m 的跳线和设备缆线及最多 4 个连接器件组成,永久链路则由最长 100m 水平缆线及最多 4 个连接器件组成
 C. 综合布线系统信道应由最长 90m 水平缆线、最长 10m 的跳线和设备缆线及最多 4 个连接器件组成,永久链路则由最长 90m 水平缆线及最多 3 个连接器件组成
 D. 综合布线系统信道应由最长 90m 水平缆线、最长 10m 的跳线和设备缆线及最多 4 个连接器件组成,永久链路则由最长 90m 水平缆线及最多 4 个连接器件组成

31. 屏蔽布线系统的选用应符合相关规定,下面描述不正确的是( )。
 A. 当综合布线区域内存在的电磁干扰场强高于 2V/m 时,宜采用屏蔽布线系统
 B. 用户对电磁兼容性有电磁干扰和防信息泄漏等较高的要求时,或有网络安全保密的需要时,宜采用屏蔽布线系统
 C. 安装现场条件无法满足对绞电缆的间距要求时,宜采用屏蔽布线系统
 D. 当布线环境温度影响到非屏蔽布线系统的传输距离时,宜采用屏蔽布线系统

32. 影响光纤熔接损耗的因素较多,其中影响最大的是( )。
 A. 光纤模场直径不一致 B. 两根光纤芯径失配
 C. 纤芯截面不圆 D. 纤芯与包层同心度不佳

33. 无线局域网标准 802.11 中制定了无线安全登记协议,简称( )。
 A. MAC B. HomeRF C. WEP D. WiFi

34. 光纤规格 62.5/125 中的 62.5 表示( )。
 A. 光纤芯的直径 B. 光纤包层直径
 C. 光纤中允许通过的光波波长 D. 允许通过的最高频率

35. 下列( )不属于综合布线系统施工质量管理的内容。
 A. 施工图的规范化和制图的质量标准
 B. 系统运行的参数统计和质量分析
 C. 系统验收的步骤和方法
 D. 技术标准和规范管理

36. 综合布线线缆的直径通常用 AWG(American Wire Gauge)单位来衡量,下列描述

不正确的是（　　　）。

    A. 通常 AWG 数值越小，电线直径也越小

    B. 通常 AWG 数值越小，电线直径也越大

    C. 综合布线系统通常使用的双绞线一般是 24AWG 规格

    D. 24AWG 线缆的直径约为 0.5mm

37. 有关配线子系统中集合点(CP)正确的叙述是（　　　）。

    A. 根据现场情况决定是否设置集合点

    B. 必须设置集合点

    C. 同一条配线电缆路由可以设置多个集合点

    D. 集合点到楼层配线架的电缆长度不限

38. 综合布线系统设计中，大对数主干电缆的对数应在总需求线对的基础上至少预留（　　　）备用线对(总需求的百分比)。

    A. 5%　　　　　　　B. 10%　　　　　　　C. 20%　　　　　　　D. 50%

39. 与双绞线缆平行敷设的同一路由上有 10kVA 的 380V 电力电缆，两种电缆间的最少间距应为（　　　）。

    A. 13cm　　　　　　B. 30cm　　　　　　C. 60cm　　　　　　D. 100cm

40. GB 50174—2017《数据中心设计规范》将数据中心分为 A、B、C 三级，其中 B 级数据中心要求铜缆传输介质类别最少为（　　　）。

    A. OM3/OM4 多模光缆、单模光缆或 6 类以上对绞电缆，主干子系统应冗余

    B. OM3/OM4 多模光缆、单模光缆或 6_A 类以上对绞电缆，主干和水平子系统均应冗余

    C. OM3/OM4 多模光缆、单模光缆或 6_A 类以上对绞电缆，主干子系统应冗余

    D. OM3/OM4 多模光缆、单模光缆或 7 类以上对绞电缆，主干子系统应冗余

41. 电信间、设备间应提供（　　　）。

    A. 220V 单相电源插座　　　　　　　　B. 220V 带保护接地的单相电源插座

    C. 380V 三相电源插座　　　　　　　　D. 380V 带保护接地的三相电源插座

42. 机柜、机架安装位置应符合设计要求，垂直偏差度不应大于（　　　）。

    A. 1mm　　　　　　B. 2mm　　　　　　C. 3mm　　　　　　D. 5mm

43. 桥架及线槽的安装位置应符合施工图要求，左右偏差不应超过（　　　）。

    A. 10mm　　　　　　B. 30mm　　　　　　C. 50mm　　　　　　D. 60mm

44. 线缆应有余量以适应终接、检测和变更，对绞电缆在电信间预留长度宜为（　　　）。

    A. 3～6cm　　　　　B. 0.5～2m　　　　　C. 3～5m　　　　　　D. 6～8 m

45. 线缆应有余量以适应终接、检测和变更，光缆布放路由宜盘留，预留长度宜为（　　　）。

    A. 3～6cm　　　　　B. 0.5～2m　　　　　C. 3～5m　　　　　　D. 6～8 m

46. 线缆的弯曲半径应符合规定，4 对 UTP 双绞线的弯曲半径应至少为电缆外径的（　　　）。

    A. 4 倍　　　　　　B. 6 倍　　　　　　C. 8 倍　　　　　　D. 10 倍

47. 线缆的弯曲半径应符合规定，室外光缆的弯曲半径应至少为光缆外径的（　　　）。

    A. 4 倍　　　　　　B. 6 倍　　　　　　C. 8 倍　　　　　　D. 10 倍

48. 预埋线槽宜采用金属线槽,预埋或密封线槽的截面利用率应为(　　　)。

    A. 25%～30%　　　B. 30%～50%　　　C. 40%～50%　　　D. 50%～60%

49. 终接时,每对对绞线应保持扭绞状态,5类电缆扭绞松开长度不应大于(　　　)。

    A. 13mm　　　　　B. 23mm　　　　　C. 25mm　　　　　D. 75mm

50. 综合布线线缆终接时,每对对绞线应保持扭绞状态,扭绞松开长度对于 6 类电缆,(　　　)。

    A. 不大于 13mm

    B. 不大于 23mm

    C. 应尽量保持扭绞状态,减小扭绞松开长度

    D. 不用保持扭绞状态,扭绞松开长度无要求

参 考 文 献

[1] 陈光辉,黎连业,王萍,等.网络综合布线系统与施工技术[M].北京:机械工业出版社,2018.

[2] 中华人民共和国信息产业部.GB 50311—2016 综合布线系统工程设计规范[S].北京:中国计划出版社,2016.

[3] 中华人民共和国信息产业部.GB 50311—2016 综合布线系统工程验收规范[S].北京:中国计划出版社,2016.

[4] 顾欣.综合布线工程建设国家标准解读[J].工程建设标准化,2017(12):19-22.

[5] 中国建筑标准设计研究院.20X101-3 国家建筑标准设计图集[S].北京:中国计划出版社,2020.